JN083786

PC [拡張] & [メンテナンス] ガイドブック

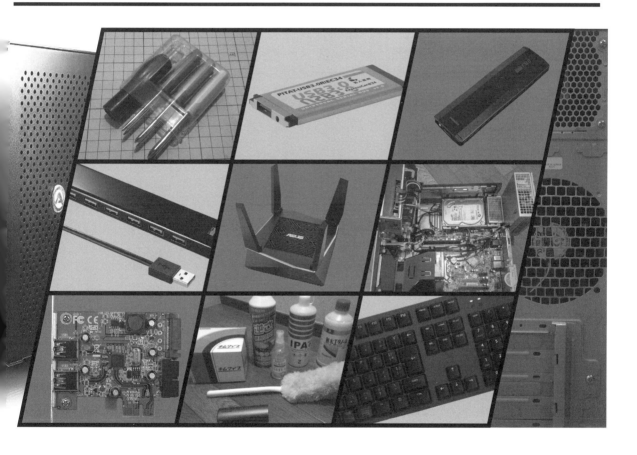

はじめに

　少し古いPCを使っていて、動作の遅さが気になった経験はあるでしょうか。
　PCの動作を遅く感じる原因はいくつかありますが、「メモリ」や「ストレージ」などが原因でPC本来の性能を発揮できない状況に陥っているケースが少なくありません。

＊

　2012年から2019年ごろにかけてはPCの性能向上が緩やかなペースだったので、実は10年近く昔のPCでもさほど陳腐化しておらず、現在に通用するだけの性能をもっていたりします。
　適切な拡張が行なわれていれば、「Web閲覧」や「オフィスソフトの使用」「動画視聴」などの一般用途で困ることは、まずないでしょう。

　昨今は、2015年以前の古いPCを中古で安く購入して「ゲーミングPC」に仕立て上げる、「リノベーションPC」なるものも少し流行っていました。

　それだけの潜在能力が古いPCにもあるのです。

　「もう5年以上前のPCだから遅くても仕方がない…」と諦めてしまう前に、PCの拡張に挑戦してみませんか？

＊

　本書では、このような数年前の少し古いPCを対象に、「どのような拡張ができるのか」「どのように拡張するのか」「どのようなメンテナンスをすればいいか」などを解説しています。

　新しくPCを買い替えるのももちろんいいですが、少しずつ拡張を行なうことで各パーツの効果や、動作が速くなった感激を十二分に実感することができます。
　これもPCの楽しさの1つと言えるでしょう。
　そんな楽しさを知るための助力となれば幸いです。

勝田　有一朗

PC [拡張] & [メンテナンス] ガイドブック

CONTENTS

第1章

PCを拡張する

長年使ってきて性能不足を感じるようになってきたPCも、少し手を加えるだけで見違えるように快適に動作する可能性があります。

特に「デスクトップPC」であれば、拡張の余地は充分です。

第1章では主に「デスクトップPC」の内部拡張を中心に、どのような拡張ができるのか、そして実際の手順などを解説しています。

W4U3200PS-16G

GeForce GTX 1650 4GT LP

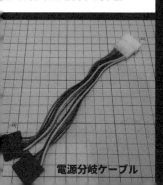

電源分岐ケーブル

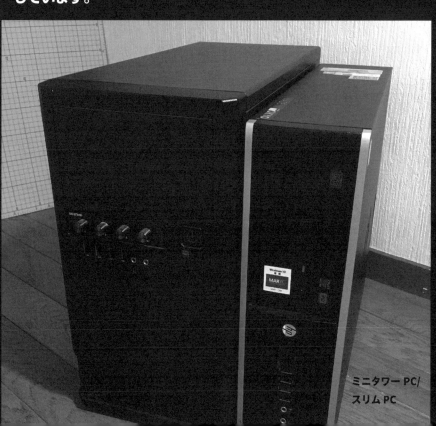

ミニタワーPC/
スリムPC

1-1 「拡張パーツ」の選び方

■PCの拡張3大要素

　購入からある程度年月を経た古いPCで作業をしていると、いろいろな場面でPCの「パワー不足」を感じます。

　「パワー不足」を感じたらPCそのものを買い換えるのが最も簡単な解決方法ですが、PCに少し拡張を加えてパワーアップすれば解決するかもしれません。

(1) 時折動作が固まる、引っ掛かる。

(2) PC、ソフトの起動が遅い。

(3) 「3Dゲーム」が快適に遊べない。

　以上のような問題は、PCを拡張することで解消する場合が多いです。

●3つの拡張ポイント

　ある程度手軽な範囲でPCを拡張できるポイントは3つ挙げられます。

(1) メモリ交換/増設　　　……動作が固まる、引っ掛かるなどの問題を改善。

(2) ストレージ交換/増設　……PCやソフトの起動の遅さを改善。

(3) ビデオカード交換/増設　……「3Dゲーム」を快適に遊べるように改善。

　多くのPCは、以上の拡張について最初から想定されているものも多く、拡張を行なってもメーカー保証対象のまま、というケースも少なくありません（※注）。

　PC拡張の第一歩として取り組んでみるといいと思います。

> ※注：万一、保証で修理に出す必要が生じた際は、拡張前の状態に戻しておかなくてはならないケースが一般的なので元のパーツを保存しておく必要があります。
> 　また、特に「ノートPC」に多いケースですが、昨今の「薄型軽量ノートPC」は増設を考慮していない機種も多く、裏蓋を開けただけで保証対象外になるものもあります。
> 　詳しくはPCごとの保証規定を必ず確認してください。

●拡張しても解決しないケース

　先に挙げた拡張は、**PC（CPU）の性能自体には余裕があるのに、一部のパーツのせいで足が引っ張られている状況を改善する**ものです。

＊

　根本的にPCの性能が足りていない場合は、拡張を施しても思ったような改善は見込めないかもしれません。

　特に2010年以前の古いPC、中でもCPUコア数の少ない「ミドル・レンジ」以下のPCは、昨今のWebサイトを閲覧するだけでも「もたつく」傾向があり、そのような問題を先の拡張で解決するのは、恐らく無理なので、PC全体の買い替えをお勧めします。

■［拡張3大要素①］ メモリ交換/増設

●メモリ不足で起こること

　PCで作業中にメモリ不足に陥ると、Windowsは「**メモリスワップ**」という動作を行ない、メモリ内容の一部を「ストレージ」に書き出して「メモリ」を確保しようとします。

　スワップを行なっている間は他の処理を進められないので、動作が固まったり引っ掛かったりするようになります。

●使用中のメモリを確認

　新しい「メモリ」を購入する前に、現在使用中の「メモリ」の種類や容量を必ず確認しましょう。

　メーカー製のPCであればカタログの仕様書を確認します。

　また、Windowsの「**タスクマネージャー**」や「**CPU-Z**」（https://www.cpuid.com/softwares/cpu-z.html）といったソフトでも調べることができます。

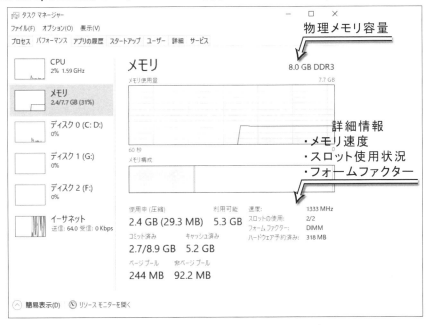

図1-1-1 「タスクマネージャー」の「パフォーマンス」タブで確認。
ただ、情報が間違っている場合もあるので鵜呑みにはできない。

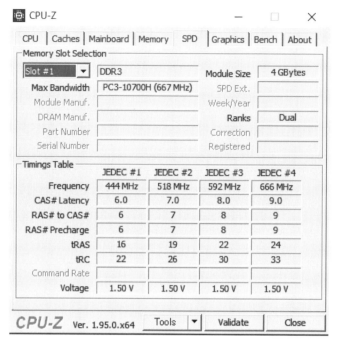

図1-1-2 「CPU-Z」では「Memory」「SPD」タブで確認。
表示は複雑だが正確。

　確認しておきたい項目は、次の通り。

---

①物理メモリ容量

　現在PCに搭載されている「メモリ」の総容量です。

　目安として「8GB」あれば一般的な用途で充分とされています。
　ゲームなどの重たい処理を行なう場合は「16GB」以上、さまざまな用途で快適に使いたい場合は「32GB」以上が目安となります。
　この目安を元に増やす量を考えましょう。

②「メモリ」の速度

　「DDR3-1333」や「DDR4-3200」などで表わされる、「メモリ」の速度です。
　基本的に現在使用中の「メモリ」と同じ速度のものを購入します。

③「メモリ・スロット」の使用状況

　PCに備わっている「メモリ・スロット」の総本数と、現在の使用状況(空きスロット)を確認します。
　「空きスロット」の状況に応じて、最低限のメモリ枚数で増設するのか、既存のメモリも交換して大幅容量アップを狙うのか考えます。

④フォーム・ファクタ

　メモリには2種類のサイズ「DIMM」「SO DIMM」があり、一般的に「デスクトップ

PC」は「DIMM」が用いられ、「ノートPC」には「SO DIMM」が用いられます。

　ただ、稀に「超省スペースデスクトップ」で「SO DIMM」が用いられることもあります。
　間違えないようにしましょう。

●「メモリ」は「同容量2枚」単位での搭載が理想

　「メモリ」を増設する場合は、同容量の「メモリ」を2枚単位で増設するのが理想です。
　"「メモリ・スロット」が「2スロット」空いていれば、新しく同容量のメモリを2枚購入して同時に増設する"といった格好です。
　こうすることで「メモリ」の性能を最も発揮できます。
　ただし、これはあくまでも理想であり、1枚単位で増設してもPCは問題なく動作します。

　また、「メモリ・スロット」の使用状況が「1/2」で、「4GB」の「メモリ」を1枚搭載しているPCの場合、空いているスロットには同じ「4GB」しか挿せないと誤解している人も多く見られます。

　「ペアのメモリ2枚」は異なる容量でも問題なく動作します。
　たとえば「4GB+8GB＝12GB」といった組み合わせも可能です。
　後に「4GB」の「メモリ」を「8GB」に交換することで「8GB+8GB＝16GB」という理想の組み合わせに移行することもできます。
　一気に「8GB+8GB」を購入するのではなく、段階的に容量を増やすこともできるのです。

●「JEDEC準拠」の「メモリ」を推奨

　販売されているPC向けのメモリには、「JEDEC準拠メモリ」と「オーバークロック・メモリ」というものがあります。
　たとえば、同じ「DDR4-3200」の速度のメモリにも、"標準で達成しているもの(JEDEC準拠)"と、"「オーバー・クロック」で達成しているもの"の2種類があるわけです。

　「オーバークロック・メモリ」は、メモリメーカーが「オーバー・クロック」状態を保証した製品で、同じ速度であっても「JEDEC準拠」よりも高速に動作します。
　しかし、PC側で「XMP」といった特殊な設定が必要になり、メーカー製PCでは「XMP」に対応していないことも考えられます。
　そのため、何もしなくても規定の速度が出せる「JEDEC準拠」の「メモリ」がお勧めです。

図1-1-3 「W4U3200PS-16G」（CFD販売）
「JEDEC準拠」の「DDR4-3200 16GB」2枚組セット。

■[拡張３大要素②] ストレージ交換/増設

●「システム・ドライブ」をSSD化

　PCの動作を最も阻害する要因の１つが、「システム・ドライブ」に用いられる「HDD」だと言われています。

　今でこそ「システム・ドライブ」には「SSD」を用いるのが標準になってきましたが、2015年以前のPC、特に「エントリー」～「ミドル・レンジ」のモデルでは「HDD」のみという構成もごく一般的でした。

　このようなPCの「システム・ドライブ」を「SSD」に換装することで、PCやソフトの起動が劇的に改善され、レスポンス良くPCで作業ができるようになります。

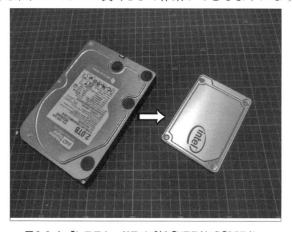

図1-1-4 「システム・ドライブ」を「HDD」から「SSD」に。

●「2.5インチ SSD」「M.2 SSD」

PCの拡張向け「SSD」には、「2.5インチ SSD」と「M.2 SSD」の2種類があります。

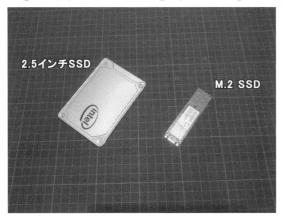

図1-1-5 「2.5インチSSD」と「M.2 SSD」

① 2.5インチSSD
「SATAケーブル」を用いて接続する「2.5インチHDD」と外形互換の「SSD」。
ほとんどの「デスクトップPC」で使えます。
最大転送速度は「最大600MB/s」。

② M.2 SSD
PCマザーボード上の「M.2スロット」に搭載する「SSD」。
「M.2スロット」は、2013〜2014年以降のPCに搭載されるようになった小型のスロットです。

「SATA接続」と「NVMe接続」という2種類の「M.2 SSD」があり、「M.2 SATA SSD」は「2.5インチSSD」と同等の性能ですが、「M.2 NVMe SSD」は最大転送速度「2,000〜7,000MB/s」と、「2.5インチSSD」とは比較にならない性能をもっています。

以上2種のうち、PCの「マザーボード」に「M.2スロット」の空きがあるのなら、「M.2 SSD」への換装をお勧めします。

●超高速「M.2 NVMe SSD」は活かしきれない

「M.2 NVMe SSD」の中でも、最大転送速度「5,000MB/s」を超えるモデルは「M.2スロット」が「PCI Express 4.0」に対応している必要があります。

これは、Intelの場合は「第11世代Coreプロセッサ」以降、AMDでは「Ryzen 3000シリーズ」以降で対応する最新規格なので、古いPCの拡張向けとしては性能を活かしきれません。
最大転送速度「2,000MB/s」前後の「M.2 NVMe SSD」から選ぶようにしましょう。

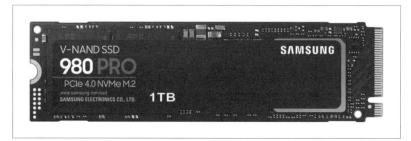

図1-1-6 「Samsung SSD 980 PRO」(Samsung)
読み出し最大「7,000MB/s」の「超高速SSD」だが、古いPCではその性能を発揮できない。

●「SSD」の重要なスペック

「SSD」で重要なスペックは「容量」「最大転送速度」「DRAMキャッシュ」「寿命」「メモリ保存方式」の5つです。

①容量

「容量」は用途によって決まります。

「システム・ドライブ」としてWindows本体といくつかのアプリケーションをインストールするのであれば、「250〜500GB」を目安にします。

ゲームなどもインストールしたいのであれば、「1TB」**以上**を選択しましょう。

また、「ドライブ・クローン」でWindows環境をそのまま「SSD」へ移行したい場合は、現在使用中の「HDD」と同等以上の容量を選択します。

②最大転送速度

最大転送速度は「SSD」の重要なスペックではあるものの、大容量のファイルを頻繁にコピーするような用途でなければ実用上あまり差がでません。

細かい差は気にしなくていいでしょう。

③DRAMキャッシュ

「SSD」の「DRAMキャッシュ」は、テーブルデータ保存や読み書きの最適化に用いられます。

「ランダムアクセス」や「大容量ファイル書き込み」などで「DRAMキャッシュ」の有無が効いてきます。

「システム・ドライブ」として用いるなら、「DRAMキャッシュ」はあったほうが望ましいです。

「M.2 SSD」にはPCの「メインメモリ」をキャッシュ替わりにする、「HBM」という機能を搭載するものもあります。

④寿命

「SSD」の寿命は「TBW」(「Tera Byte Written」もしくは「Total Byte Written」)という指標で記されます。

「300TBW」というスペックの場合、最大「300TB」までの書き込みをメーカー保証するという形です。

　「もし保証期間内に、TBW未満で書き込み不可などの寿命の症状が現われたらメーカーが交換する」などの保証規定があります。

　しかし、一般的な用途の場合、「100TBW」もあれば十年はもつ計算になり、3〜5年ほどのメーカー保証期間のほうが先に終わってしまいます。
　SSDの寿命が飛躍的に伸びた昨今では、必要以上に気にする必要はないでしょう。

⑤メモリ保存方式
　現在の「SSD」内部で用いられている「NANDフラッシュ」のメモリ保存方式は、「TLC」と「QLC」が一般的です。
　「QLC」は安価で大容量の「SSD」を製造できる反面、「寿命」や「書き込み速度」で「TLC」に劣ります。
　「システム・ドライブ」として考えるのであれば「QLC」は避けたほうが無難です。

●「SSD」のメーカーにはこだわるべき？

　現在、「SSD」はさまざまなメーカーから登場しています。
　名実ともに高品質な「SSD」から、安かろう悪かろうの「SSD」まで、その様相はまさに玉石混交です。
　その中でも、「SSD」に用いられている「NANDフラッシュ」を自社生産しているメーカーの「SSD」は、一定の信頼を得ています。

・Crucial (Micron)
・Kioxia (旧東芝メモリ)
・Samsung
・SK Hynix (Intel)
・Western Digital (Sandisk)

　以上のメーカーが自社生産NANDフラッシュ搭載の「SSD」を販売しています。

　さらにCrucial (Micron)、Samsung、Western Digital (Sandisk)の「SSD」には、「システム・ドライブ」対応の「クローン・ツール」も付属(別途ダウンロード)します。
　「システム・ドライブ」の移行を考えているのであれば、ツール購入は必須なので、最初からツールが付属するこれらのメーカー製の「SSD」がお勧めです。

■[拡張３大要素③]　ビデオカード換装/増設

●「ゲーミングPC」に必須の「ビデオカード」

　「3Dゲーム」を快適にプレイするために必須とされるのが、「ビデオカード」です。
　逆を言えば、「ビデオカード」さえ搭載していれば、「CPU」などが多少古くても「3Dゲームをそこそこプレイできます。

　特に競技性の高い「FPS対戦ゲーム」などは、「フレームレート」を維持するために細かい描画設定が可能なので、古いPCにちょっとした「ビデオカード」を搭載するだけでも充分に楽しめる「ゲーミングPC」となります。
$$*$$
　なお、実際のところ"これがゲーミングPCだ"という明確な定義付けはなく、ゲームが遊べれば「ゲーミングPC」だという考えもありますが、ここは1つのラインとして、
(1)最新/流行のゲームを、
(2)「フルHD/60fps」以上のグラフィックスで、
(3)過不足なくプレイできる
　以上の条件を「ゲーミングPC」の最低ラインとして考えてください。

　「ビデオカード」を増設できる「デスクトップPC」に限るという前提条件はありますが、「デスクトップPC」を使用中であれば、比較的簡単に「ゲーミングPC」化することが可能です。

●「ゲーミングPC」化のポイント

　一般的な「ビデオカード」を増設できる「デスクトップPC」であれば、最新「ビデオカード」の増設で手軽に「ゲーミングPC」にグレードアップできます。
　ただ、古いPCを拡張して「ゲーミングPC」化する場合は、加えて次のポイントを確認してください。

①どれくらい古いPCまで「ゲーミングPC」化できる？
　Intelは「第2世代Coreプロセッサ」以降で4コア以上のCPU、AMDは「第1世代Ryzen」以降のCPUであれば、最新ビデオカードの追加で「ゲーミングPC」として活用できます。
　それ以前の世代は最新ゲームでの「60fps維持」が困難になってくる可能性もあります。

②「電源容量」は足りる？
　「ミドル」〜「ハイエンド」の「ビデオカード」を追加すると、PC全体の消費電力は「300W」を超えます。
　電源容量は「600W前後」以上が推奨です。

　また、「ビデオカード」に電力供給する「6+2ピンPCIe電源コネクタ」がない場合も、「電源ユニット」の交換が必要になるでしょう。
　電源の交換が困難な場合は、補助電源不要の「ビデオカード」しか選択肢がなくなります。

③「PCケース」の空きスペースは充分？

　昨今の「ビデオカード」は「全長300mm」を超えるものも珍しくなく、古いデザインの「PCケース」には物理的に入らない場合もあります。

　全長の短い「ビデオカードを探す必要があるでしょう。

●「ビデオカード」の選び方

　「ゲーミングPC」のパーツで最も重要な「ビデオカード」は、予算の許す限り「上位モデル」を選択すべきと考えます。

　「ビデオカード」側の性能が余る場合、より「高解像度」「高画質設定」に振る選択肢もあるからです。

　ただ、闇雲にハイエンドモデルを選択してもコストバランスが悪くなるのも事実です。

　さまざまな用途に応えられつつもコストバランスが優れるのは、「5〜7万円前後」の「ミドル・レンジ」でしょう。

　2021年春時点では「NVIDIA GeForce RTX 3060Ti」や「AMD Radeon RX 6700XT」などが該当します（**※次頁注**）。

図 1-1-7　「TUF-RTX3060TI-O8G-GAMING」（ASUS）
「コストパフォーマンス」に優れた「GeForce RTX 3060Ti」

　また、背の低い「ロー・プロファイル」の「拡張カード」しか搭載できない「スリムPC」の場合は選択肢がぐっと限られ、「NVIDIA GeForce GTX 1650」か「NVIDIA GeForce GTX 1050Ti」の「ロー・プロファイル」対応の「ビデオカード」から選ぶことになります。

図1-1-8 「GeForce GTX 1650 4GT LP」(MSI)
補助電源不要、「ロー・プロファイル」対応では「NVIDIA GTX 1650」が最高性能となる。

> ※注：執筆中の2021年春現在、世界的な半導体材料不足、コロナ禍による輸送費増、仮
> 想通貨ブームなどが相まって、「ビデオカード」は前代未聞の品薄と高騰に見舞われています。
> 　したがって、ここで記したような価格では入手困難となっていて、いつ頃平常化するか
> も不透明です。
> 　高騰と品薄が続く間、「ビデオカード」の増設は見送ったほうがいいかもしれません。

1-2　PC拡張　準備編

■PC拡張に必要な工具類

　PC（デスクトップPC）の拡張作業は、基本的にプラスドライバーを用います。

　一般家庭でよく用いられる「2番」（6ミリ）のサイズのプラスドライバーが1本あれば
OKです。

　先端が磁石になっているものが便利でしょう。

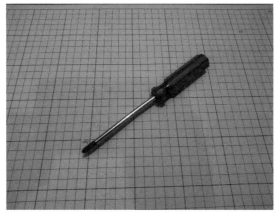

図1-2-1　100均で購入できるドライバーで大丈夫

　加えて「M.2 SSD」を取り付ける場合は、細めのプラスドライバーもあるといいでしょう。

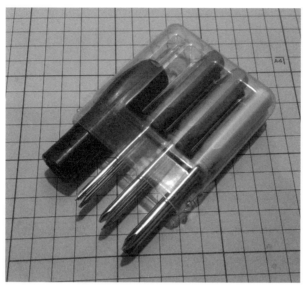

図1-2-2　「M.2 SSD」の取り付けには細めのドライバーを

●あると便利な工具

　その他、あると便利な工具には、次のものが挙げられます。

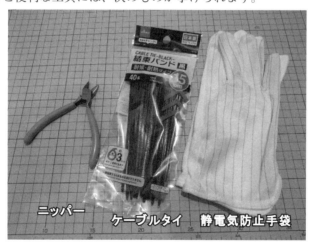

図1-2-3　その他の工具

---

①ニッパー
　既存の「ケーブルタイ」を切断するために。

②ケーブルタイ
　新たな配線をまとめるために。

---

③静電気防止手袋

静電気を防止すると同時に指先の保護にも。

ケースのエッジで怪我をしたり、硬いコネクタの抜き差しで指を痛めたりすることがあります。

●「予備ネジ」を用意

「SSD」や「HDD」の取り付け、「拡張カード」の取り付けの際にはネジを用います。

単品で販売されている「SSD」や「HDD」には「取り付けネジ」が付属しないことが一般的なので、あらかじめ「予備ネジ」を用意しておきましょう。

PC内部では主に「**インチネジ**」と「**ミリネジ**」の2種類が用いられています。

図1-2-4 「インチネジ」と「ミリネジ」
「ミリネジ」のほうがピッチが狭いので、そこで見分けられる。

①インチネジ

「PCケース」の外装や「電源ユニット」「マザーボード」、拡張カードの「ブラケット」「3.5インチHDD」の取り付けに使います。

②ミリネジ

「5インチ光学ドライブ」や「2.5インチSSD」の取り付けに使います。

「マザーボード」の取り付けに使う場合もあります。

自作PC向けに、さまざまな形状の「インチネジ」「ミリネジ」のセットが収納ケース付きで販売されているので、1つもっておくと便利です。

図1-2-5　このような「ネジセット」を1つもっておくと便利

■PCの拡張できる場所を確認(ケース外部)

●PCケース前面

「デスクトップPC」の「PCケース」正面には「オープン・ベイ」「USBポート」「オーディオ・コネクタ」などを備えているのが一般的です。

ここでは、2010年代前半の少々古い「ミニタワーPC」と「スリムPC」の拡張を例に解説を進めていきます。

図1-2-6　2015年頃までのベーシックなデザインの「ミニタワーPC」(写真左)
「HP Compaq Pro 6300 SF Desktop PC」(HP)(写真右)。
2012年発売のビジネス向け「スリムPC」。リノベーションPCのベースとしても人気

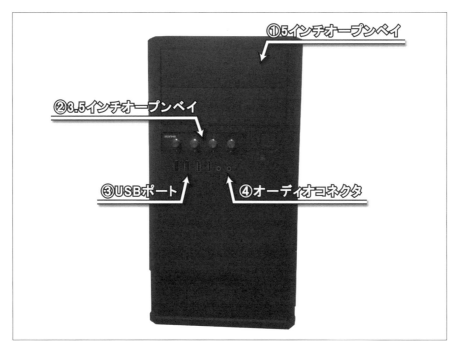

図1-2-7 「ミニタワーPC」の前面

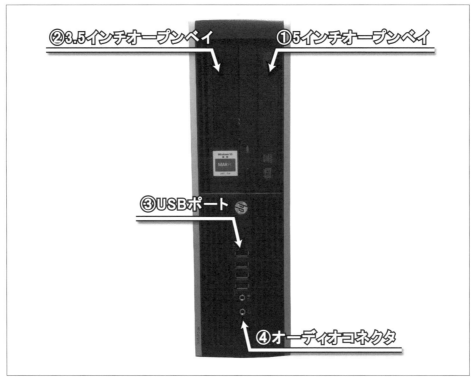

図1-2-8 「スリムPC」の前面

①5インチオープン・ベイ

「BD」や「DVD」などの「光学ドライブ」を搭載するスペースです。

②3.5インチオープン・ベイ

「メモリカード・リーダー」などのアクセサリ系パーツを装着できます。

昨今の「PCケース」では、「3.5インチオープン・ベイ」は省略される傾向にあります。

③USBポート

前面USBポートは「USBメモリ」などを装着するのに便利です。

④オーディオ・コネクタ

ヘッドフォンとマイクを接続する「オーディオ・コネクタ」が備わります。

●PCケース背面

「デスクトップPC」の背面には、各種インターフェイス群が揃う「I/Oパネル」「拡張スロット・ブラケット」が見られます。

図1-2-9 「ミニタワーPC」の背面

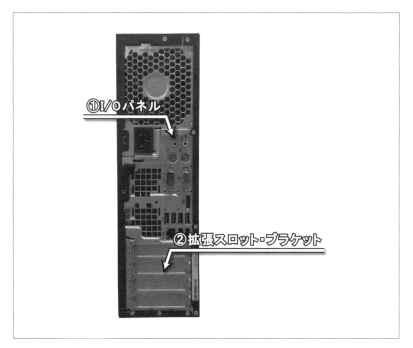

①I/Oパネル

②拡張スロット・ブラケット

図1-2-10　「スリムPC」の背面

---

①I/Oパネル

　「USBポート」や「LANポート」、ディスプレイ用インターフェイスなどが並んでいます。

②**拡張スロット・ブラケット**

　「拡張スロット」の穴を塞ぐ「ブラケット」が装着されています。

　「拡張カード」を取り付ける際にここの「ブラケット」を取り外すと、代わりに「拡張カード」のインターフェイス面が顔を覗かせます。

●**ロー・プロファイルPCI Express**

　「ミニタワーPC」と「スリムPC」では、「拡張スロット・ブラケット」の大きさが異なります。

　「スリムPC」は通常の「拡張カード」よりも背の低い「拡張カード」しか搭載できないことが多く、そのような「拡張カード」を「**ロー・プロファイルPCI Express**」(単純に「ロー・プロファイル」とも)と呼びます。

　「スリムPC」に搭載する「拡張カード」を探す際は、ロー・プロファイル対応で「ロー・プロファイル」専用の「ブラケット」も同梱されているか確認が必要です。

図1-2-11　「ミニタワーPC」と「スリムPC」で「ブラケット」の大きさはこれだけ違う

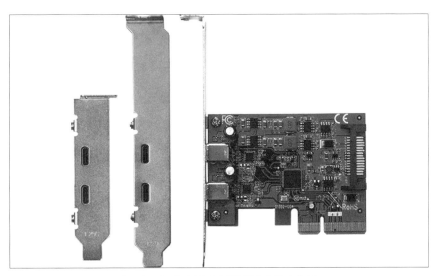

図1-2-12　「USB3.1C-P2-PCIE」（玄人志向）
ロー・プロファイル対応の「USB Type C」増設カード。
ロー・プロファイル用のブラケットが同梱される。

　なお、「ロー・プロファイル」に対する標準サイズの「拡張スロット」の呼び方には決まったものはなく、「フルハイト」などと呼ばれています。

　また、「スリムPC」であっても「ライザーカード」を用いて「拡張スロット」を90度回転し、標準サイズの「拡張スロット」を使えるようにしているPCもあります。

■PCの拡張できる場所を確認（ケース内部）

●「シャドウベイ」を確認

　「PCケース」背面のネジを外して「サイドパネル」を開けると、ケース内部を確認できます。

　「SSD」や「HDD」を拡張する場合、重要なのは「**空きシャドウベイ**」の数です。
　少し古いPCには「2.5インチシャドウベイ」がないことが多いので、「2.5インチSSD」も「3.5インチシャドウベイ」に搭載する必要があります。
　「SSD」と「HDD」を一緒に搭載したい場合は、必要な数だけ「シャドウベイ」が確保できるか確認しましょう。

図1-2-13　2015年ごろのベーシックな「ミニタワーPC」のベイ構成
「3.5インチシャドウベイ」は２つで空きが１つ

図1-2-14　「スリムPC」は容積が小さく、「シャドウベイ」が空いていることは稀
既存の「HDD」を「SSD」と交換するか、「3.5インチオープン・ベイ」の内側に搭載する手段が考えられる

●「マザーボード」上のインターフェイス

拡張に関係ある「マザーボード」上のインターフェイスは次の通り。

図1-2-15 「マザーボード」上の各種インターフェイス

①メモリ・スロット
「DDR3/DDR4 DIMM」を装着する「メモリ・スロット」です。
一般的に「2～4本」の「メモリ・スロット」が「マザーボード」に備わっていて、「1～2枚」の「メモリ」が標準搭載されているPCが多いと思われます。

②SATAポート
「SSD」や「HDD」、「光学ドライブ」などのストレージ類を接続するインターフェイスです。
空いている「SATAポート」があれば「内蔵ストレージ」を増設できます。
別途用意した「SATAケーブル」を用いて「SATAポート」と「ストレージ」を接続します。

③拡張スロット
「ビデオカード」をはじめとする、さまざまな「拡張カード」の増設に用いるスロットです。

「マザーボード」上には、横に長い「PCI Express ×16スロット」と短い「PCI Express ×1スロット」を備えているのが一般的です。
「×16スロット」には主に「ビデオカード」を増設し、「×1スロット」にはその他のさまざまな「拡張カード」を増設します。

また、2010年代前半までのPCであれば、旧規格の「PCIスロット」も備わっています。
現在となってはごく限られた用途しかない「拡張スロット」です。

図1-2-16　「マザーボード」上の「拡張スロット」

④M.2スロット

　2013年ごろの「マザーボード」から、「M.2 SSD」を接続するのに用いる「M.2スロット」が搭載されはじめました。

図1-2-17　昨今の「マザーボード」には必ず付いていると言っても過言ではない「M.2 スロット」

●「拡張スロット」付近の空きスペースを確認

「拡張スロット」に「ビデオカード」を増設する場合、物理的に「ビデオカード」が収まるのかどうか、周辺の空きスペースの確認も重要です。

①「PCI Express×16スロット」の下のスロット
　一般的に「ビデオカード」は2～3スロット分の厚みがあり、それだけの連続した「空きスロット」が必要になります。

②ケース奥行き方向の空きスペース
　昨今の「ビデオカード」は巨大化が進んでいるので、ケースの奥行き方向に「30cm」以上の空きスペースがないと、「ビデオカード」の選択肢が限られてきます。

図1-2-18　「ミニタワーPC」の場合
「ビデオカード」の巨大化が顕著になってきた2010年以後は、「PCI Express ×16スロット」の延長線上に空間を作り、奥行き一杯を「ビデオカード」に使える「PCケース」が増えた。

図1-2-19　「スリムPC」の場合は充分な空間の確保は難しく、ロー・プロファイル向けの「小型ビデオカード」がギリギリ入る程度

1-3　PC拡張　実践編

■メモリの増設

　「メモリ」を増設する際に気を付けなければいけないのが、複数ある「メモリ・スロット」のどこに「メモリ」を増設するか、という点です。

　仮に4本の「メモリ・スロット」を「CPUソケット」より遠いほうから「A、B、C、D」と順に割り当てます。

図1-3-1　一般的な「デスクトップPC」は4本の「メモリ・スロット」を備える

　このとき、AとC、BとD、それぞれの「メモリ・スロット」は「**デュアルチャネル**」を形成するペアになり、ペアを形成するように「メモリ・スロット」を埋めていくのが定石です。

　標準で2本の「メモリ・スロット」が埋まっていた場合は、残りの2本に増設分を挿していけばいいので、迷いも少ないでしょう。
　少し迷ってしまうのが、標準では1本の「メモリ・スロット」しか使われていない場合ではないでしょうか。

＊

　たとえば、標準でAに「4GB」の「メモリ」が1枚だけ搭載されているPCに増設を行なう場合、次のようなパターンが考えられます。

①「4GB」のメモリを1枚増設する場合
　　　A：4GB（標準）
　　　B：×
　　　C：4GB（増設）
　　　D：×

②「8GB」のメモリを1枚増設する場合
　　　A：4GB（標準）
　　　B：×
　　　C：8GB（増設）
　　　D：×

③「4GB」のメモリを2枚増設する場合

     A：4GB（増設）

     B：4GB（標準）

     C：4GB（増設）

     D：×

④「8GB」のメモリを2枚増設する場合

     A：8GB（増設）

     B：4GB（標準）

     C：8GB（増設）

     D：×

　以上のように、ペアの「メモリ・スロット」を最優先で埋めていき、また合計3枚となる場合は、同容量で同時期に購入した「メモリ」で優先的にペアを組むように組み合わせていきます。

●メモリ増設の手順

　「メモリ・スロット」への取り付けは次の手順で行ないます。

[手順] 「メモリ」の増設

[1] 「メモリ・スロット」両端の「ラッチ」（レバー）を左右に開きます。

　片側にしか「ラッチ」がない「片ラッチ」という「メモリ・スロット」もありますが、その場合は片側を開けばOKです。

> ※ちなみに、「メモリ」が挿し込まれている「メモリ・スロット」の「ラッチ」を開くと、「メモリ」がイジェクトされて引き抜ける状態となります。

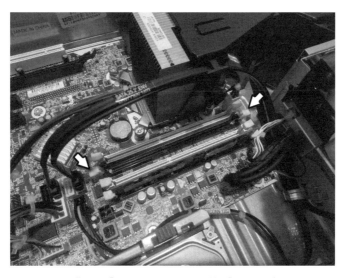

図1-3-2　増設する「メモリ・スロット」の両端の「ラッチ」を押して開く

[2]「メモリ端子」部分の「ノッチ」(切り欠き)に注意し、「メモリ・スロット」側の突起と合う方向で垂直にゆっくり挿し込んでいきます。

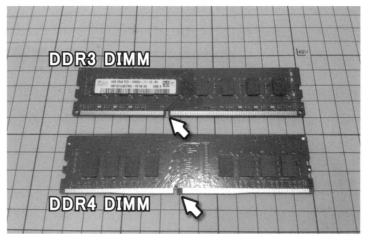

図1-3-3 「メモリ端子」部分のノッチのおかげで逆挿しはできないようになっている
「DDR3 DIMM」と「DDR4 DIMM」でもノッチの位置は違う。

[3]「メモリ」が奥まで挿し込まれると、「ラッチ」が閉じて「メモリ」の凹部分とかみ合い、固定されます。

左右の両ラッチがしっかり閉じなければ挿し込み不良状態なので、慎重に挿し直しましょう。

図1-3-4 「メモリ」が完全に挿し込まれると「ラッチ」が閉じて固定される

[4]増設する「メモリ」をすべて挿せたら、「PCケース」のパネルを閉じて完了です。

PCを起動し、「タスクマネージャー」や「システム情報」などで増設した分のメモリが増えているか確認します。

■「2.5インチSSD」の増設

●「2.5インチSSD」増設に必要な「サプライパーツ」

「2.5インチSSD」の増設には、次の「サプライパーツ」が必要です。

①SATAケーブル

「マザーボード」と「SSD」を接続するケーブル。

通常、販売されている「SSD」にはケーブルなどが含まれていないため、「SATAケーブル」を用意しておく必要があります。

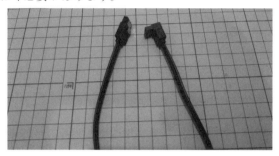

図1-3-5　片側がL字コネクタの「SATAケーブル」を推奨

②3.5インチ変換アダプタ

「2.5インチSSD」を「3.5インチシャドウベイ」に搭載できるようにするためのアダプタです。

PCケースに「2.5インチシャドウベイ」がない場合に必要になります。

「SSD」は駆動部分がないので「ケーブルタイ」で「PCケース」内のどこかに結び付けるだけでも動作に支障はありませんが、数百円の「サプライパーツ」なので「3.5インチシャドウベイ」が余っているなら、「変換アダプタ」を用いて取り付けたほうがいいでしょう。

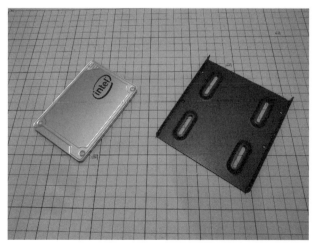

図1-3-6　「2.5インチSSD」を載せて、「3.5インチHDD」と同じ幅に変換するアダプタ

③電源分岐ケーブル

　増設する「SSD」ぶんの「SATA電源コネクタ」が足りなかった場合、電源ケーブルを分岐する「二股ケーブル」が必要になります。

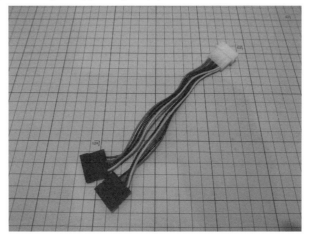

図1-3-7　使われていない「ペリフェラル電源」を二股の「SATA電源コネクタ」に変換するケーブル

●「ミニタワーPC」の「2.5インチSSD」取り付け

　「ミニタワーPC」への「2.5インチSSD」の取り付け手順は次の通り。

[手順] 「ミニタワーPC」に「2.5インチSSD」を取り付ける

[1] 「PCケース」のサイドパネルを開け、取り付ける「シャドウベイ」の位置を確認します。

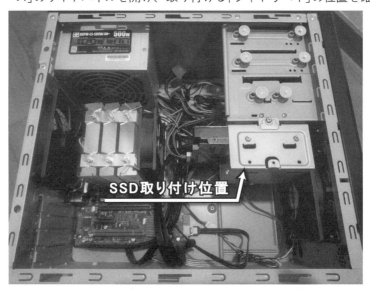

SSD取り付け位置

図1-3-8　「2.5インチシャドウベイ」は備わっていないので、「3.5インチシャドウベイ」に取り付ける

[2] 「3.5インチ変換アダプタ」に「2.5インチSSD」を取り付けます。
　固定には「ミリネジ」を用います。

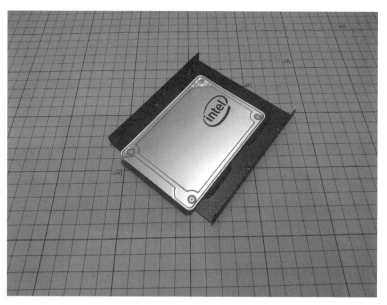

図1-3-9 「SSD」を変換アダプタへ固定

[3]「3.5インチシャドウベイ」に変換アダプタごと取り付けます。
　固定には「インチネジ」を用います。

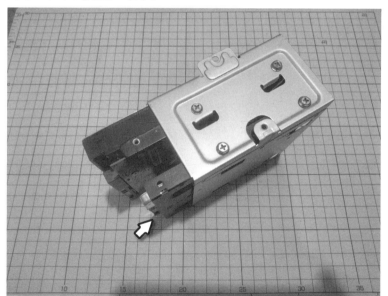

図1-3-10 「シャドウベイ」が丸ごと外れる機構だったので、それを利用して取り付け

[4] 新しい「SATAケーブル」を用いて「マザーボード」の空いている「SATAポート」と「2.5インチSSD」を接続、「SATA電源コネクタ」も接続します。
　その他、一時的に外した「HDD」の配線などを戻して完了です。

図1-3-11　ケーブルを配線して完成

●「スリムPC」の「2.5インチSSD」取り付け

「スリムPC」への「2.5インチSSD」の取り付け手順は次の通り。

[手順]　「スリムPC」に「2.5インチSSD」を取り付ける

[1]「PCケース」のサイドパネルを開け、取り付けるベイの位置を確認します。

図1-3-12　空いているのは「3.5インチオープン・ベイ」1つだけなので、そこに取り付ける
開閉機構でベイの取り付け位置が露出する仕組みが備わっている。

[2]「3.5インチ変換アダプタ」に「2.5インチSSD」を取り付けます。

図1-3-13 「SSD」を変換アダプタに「ミリネジ」で固定

[3]「3.5インチオープン・ベイ」に変換アダプタごと取り付けます。

図1-3-14 「3.5インチオープン・ベイ」に取り付け
配線の都合上、「光学ドライブ」よりも奥に押し込み、「インチネジ」で固定。

[4] 新しい「SATAケーブル」を「2.5インチSSD」に接続。
　「SATA電源コネクタ」も接続します。

図1-3-15　「SATAケーブル」と「SATA電源コネクタ」を接続
開閉機構の妨げにならないよう上手く配線を取り回す。
L字型コネクタの「SATAケーブル」が必須。

[5] 「マザーボード」側の「空きSATAポート」に「SATAケーブル」を接続して完了です。

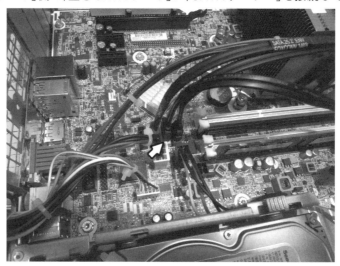

図1-3-16　取り回してきた「SATAケーブル」を空いている「SATAポート」へ接続

■「M.2 SSD」の増設

●「M.2 SSD」の取り付けに必要なサプライパーツ

「M.2 SSD」はPCの「マザーボード」に直付けするので、ケーブルなどは不要ですが「マザーボード」に固定するためのスペーサとネジが必要です。

通常、スペーサとネジは「マザーボード」上にすでに取り付けられているか、「マザーボード」の付属品として付いてくるのですが、これを紛失してしまったというトラブルもよく耳にします。

「M.2スロット」のスペーサは「マザーボード」ごとに高さが微妙に異なるため、他の「マザーボード」から流用しても適合しないことが珍しくありません。

そんなときのために、さまざまな高さのスペーサがセットになった「ネジ/スペーサセット」を1つ用意しておくと便利です。

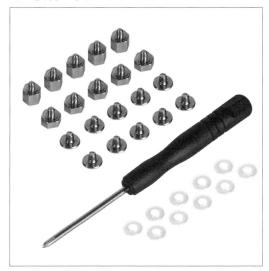

図1-3-17 「SST-CA04」(SilverStone)
さまざまな「M.2」用ネジとスペーサがセットになっていて、さまざまなマザーボードに適合する

●「M.2 SSD」の取り付け手順

マザーボードへの「M.2 SSD」の取り付け手順は次の通り。

[手順] 「M.2 SSD」を取り付ける

[1] 「M.2スロット」の所定の位置にスペーサがあるか確認します。

スペーサがネジと一緒に取り付けられている場合、ネジだけ外しておきましょう。

「M.2スロット」はデバイスの長さに応じてスペーサを移動できるようになっており、そのためのスペーサ設置用の穴がいくつか開いているのが一般的です。

通常の「M.2 SSD」を増設する場合は、「2280」と刻印された位置へスペーサを設置します。

図1-3-18　「M.2スロット」のスペーサを確認

[2]「M.2スロット」に「M.2 SSD」の端子部分を、切り欠きに合うように奥までしっかり
と挿し込みます。

図1-3-19　切り欠きを合わせて少し斜め上方向からスロットに挿し込む

[3]「M.2 SSD」の端子の逆側を「マザーボード」上のスペーサに押し当てて、ネジで固定
し、完成です。

図1-3-20 スペーサに押し当てて、ネジで固定

■「システム・ドライブ」の移行

●増設した「SSD」への「システム・ドライブ」の「クローン作成」

あるドライブを丸ごと別のドライブへコピーすることを、「**クローン作成**」と言います。
これを利用してWindows環境を「HDD」から「SSD」に丸ごとコピーすれば、使い慣れ
た状態のまま快適な環境へと移行できます。

Windowsの入った「システム・ドライブ」の「クローン」を作るためには、「システム・
ドライブ」の「クローン機能」を備えた「**クローン・ツール**」が必要です。

以前はいろいろな「無償版クローン・ツール」で「システム・ドライブ」の「クローン作成」
が可能でしたが、2021年現在、無償版の機能で「システム・ドライブ」の「クローン作成」
ができるものはなくなってしまい、有償版の購入が必須となっています。

Crusial（Micron）、**Western Digital**（Sandisk）、**Samsung**の各メーカーの「SSD」には
「システム・ドライブ」の「クローン作成」に対応した「クローン・ツール」のライセンスが
付属してくるので、これらの「SSD」を購入した場合はツールをダウンロードして利用し
ましょう。

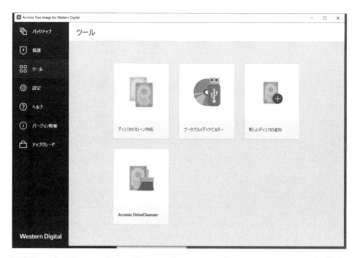

図1-3-21 Crusial（Micron）、Western Digital（Sandisk）のSSDには「Acronis True Image」の特別エディションが付属

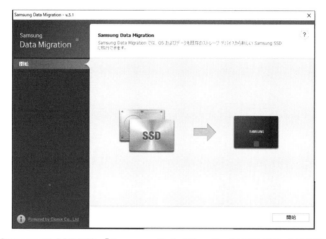

図1-3-22 SamsungのSSDには、「Samsung Data Migration」というクローン専用のツールが付属

●「システム・ドライブ」の「クローン作成」の流れ

「システム・ドライブ」の「クローン作成」の大まかな流れは次の通りです。

「クローン作成」の流れ

[1]「SSD」を増設。

 ↓

[2]「クローン・ツール」を用いて「システム・ドライブ」のクローンを「SSD」に作成。

 ↓

[3] PCのBIOS設定で「ブート順序」（Boot Device Priority）を「SSD優先」に設定。

 ↓

[4] 以上で完了。

　元の「HDD」は、（A）初期化して「データドライブ」として利用するか、（B）PCから取り外して「バックアップ」として保存。

●先にクローンを作る方法もお勧め

　「システム・ドライブ」のクローンを作る場合、「SSD」をPC内部に増設する前にUSB接続の「外付けHDDスタンド」などを利用して「USB外付けストレージ」として接続し、先に「システム・ドライブ」のクローンを作る方法もお勧めです。

　外付けでクローンを作成したあと、これまでシステムとして使っていた「HDD」と取り替える形で換装すれば、「SSD」への環境移行が完了します。

■「ビデオカード」の増設

●「ミニタワーPC」への「ビデオカード」の増設

　「ミニタワーPC」への「ビデオカード」の増設の手順は次の通り。

[手順]　「ミニタワーPC」に「ビデオカード」を増設する

[1]「ビデオカード」取り付け位置の「拡張スロット・ブラケット」を取り外します。

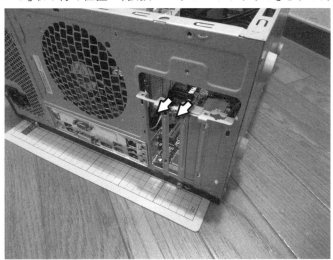

図1-3-23　多くの「ビデオカード」は2スロット占有する

[2]「PCI Express ×16スロット」の端にあるロック機構を確認します。

　今回の例は「プッシュ式」なので、「ビデオカード」を挿すと"カチャッ"とロックがかかる仕組みです。

　この他に「ビデオカード」装着後にツメをスライドさせる方式などがあります。

図1-3-24 「ロック機構」を確認

[3] 注意深く位置を合わせて「ビデオカード」を装着します。

ロックのかかる音がすれば、OKです。

図1-3-25 ケーブルの取り回しなどに注意しながら慎重に装着

[4]「ビデオカード」の「ブラケット」を「インチネジ」でケースに固定します。

図1-3-26　「インチネジ」でケースに固定

[5]「PCI Express電源コネクタ」を「ビデオカード」に接続します。

図1-3-27　指定されている「PCI Experss電源コネクタ」を接続

[6]以上で完了です。

　「ビデオカード」の増設後はディスプレイケーブルを「ビデオカード」のインターフェイスに接続します。

図1-3-28　ディスプレイケーブルをビデオカード側に接続する

[7] 完了後はPCを起動し、Windows上で必要な「デバイス・ドライバ」をインストールします。

●「スリムPC」への「ビデオカード」の増設

「スリムPC」への「ビデオカード」の増設の手順は次の通り。

[手順]　「スリムPC」に「ビデオカード」を増設する
[1]「ビデオカード」取り付け位置の「拡張スロット・ブラケット」を取り外します。

図1-3-29　「ロー・プロファイル」の「ビデオカード」も2スロット占有が一般的

[2] 位置を合わせて「ビデオカード」を装着します。

しっかりと挿し込むとロックがかかります。

図1-3-30　狭いながらも余計なケーブルなどがないので、取り回しはいい

[3]「ビデオカード」の「ブラケット」をケースに固定します。

図1-3-31　「ネジレス」が徹底されたPCなので、「ブラケット」もネジなしで固定

[4] 以上で完了です。

「PCI Express電源」も必要ないので、取り付けは簡単に終わるでしょう。

最後に「ディスプレイ」を「ビデオカード」側に接続します。

図1-3-32　ディスプレイケーブルを「ビデオカード」側に接続して完了

[5] 完了後はPCを起動し、Windows上で必要な「デバイス・ドライバ」をインストールします。

Tips　ビデオカード取り外し時に要注意

　「PCI Express ×16スロット」には「ロック機構」があり、「ビデオカード」側のフックをしっかりと固定します。

　巨大化する「ビデオカード」を支えるのに必要な機構ですが、ロックを忘れて「ビデオカード」を取り外そうとしてスロットを破損させてしまう事故が後を絶ちません。
　絶対に「ロック機構」のことは忘れないようにしましょう。

　また、「ロック機構」は押したりスライドさせたりして解除しますが、PCケース内の状況によっては指が届かないことも珍しくありません。
　そんなときは「割り箸」や「細いモノサシ」などを利用してロックを動かすといいでしょう。
　ただ、ドライバーのような金属の棒の使用は先が滑ってズレたりすると「マザーボード」を壊しかねないので推奨しません。

割りばしなどで
ロック機構を外す

図1-3-33　「割り箸」などで「PCI Express ×16スロット」のロックを動かす

第2章

周辺機器でパワーアップ

大型筐体の「デスクトップPC」は、さまざまな「拡張カード」や「内蔵ストレージ」を増設することができます。

しかし、「ノートPC」や「省スペースPC」は、拡張できる部分が少なく、「ストレージの換装」や「メモリ増設」が済むと、ほとんどやれることはなくなってしまいます。

しかし、そこでパワーアップの道が閉ざされるわけではありません。

「外付けの周辺機器」や「クラウド」を活用すれば、古いPCでも、さまざまな用途に活用できます。

HD-LDS6.0U3-BA

UF Gaming VG249Q1R-J

RT-AX92U

Node

2-1　「内部拡張」以外のパワーアップ手段

■さまざまな「周辺機器」の増設に用いられる「USB」

「ノートPC」や「省スペースPC」への「周辺機器」の接続は、基本的に「USB」で行ないます。

そこで重要となるのが、PCに備わっている「USBポート」の「数」と、規格が「USB 2.0」か「USB 3.0（以降）」かという点です。

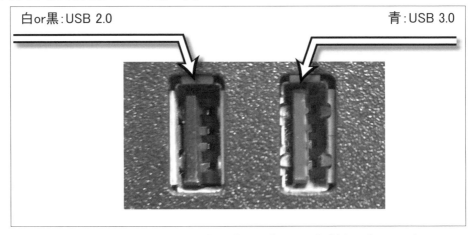

白or黒：USB 2.0　　　　　　　　　　　　　　　　青：USB 3.0

図2-1-1　「USBポート」の中の色が「白」や「黒」なら「USB 2.0」、「青」なら「USB 3.0」。

USBポートの数については、足りなければ「USBハブ」で補うことができます。

しかし、規格については「USB 2.0」と「USB 3.0」で天と地ほどの性能差があり、「USB 3.0」の有無は、使い勝手に大きな影響を与えるでしょう。

たとえば、「USB 2.0」と「USB 3.0」の転送速度を比べただけでも、

・USB 2.0　　　最大480Mbps（半二重通信で実質240Mbps以下）
・USB 3.0　　　最大5Gbps（全二重通信）

と、大きな性能差があります。

＊

「USB 2.0」は実質「最大240Mbps」（30MB/s）しかないので、ストレージを接続した場合、「SSD」や「USBメモリ」はおろか、「HDD」でさえポテンシャルを発揮できません。

「Windows 7」が発売されたころ（2009年）、「USB 3.0」を標準搭載するPCはほとんどありませんでした。

2010～11年ころから「USB 3.0」を標準搭載するPCが増えていき、「Windows 8」以降（2012年）で「USB 3.0」が標準的なものとなっていきます。

そう考えると「Windows 7」時代のPCには「USB 3.0」を搭載する機種は少ないと言えるかもしれません。

ただ、多くのUSB機器は「USB 2.0」から対応し、性能的に"遅い"という点を我慢できれば、ほとんどのUSB機器は「USB 2.0」でも使用可能です。

*

古いPCへの投資を判断するのに、"「USB 3.0」の有無"は1つの大きな基準になります。

「USB 3.0」を標準搭載するPCであれば、オフィスソフトやWeb閲覧などの一般的な用途なら問題なくこなせる性能をもつことが多く、周辺機器を足してパワーアップさせる価値はあります。

一方、「USB 2.0」にしか対応しないPCでは、ストレージ使用時に不満が募るほか、そもそも基本性能が足りていない場合も考えられます。

「USB 3.0」をもたない古いPCへの投資は"そこそこ"に留めて、PC自体の買い替えを検討しておいたほうがいいかもしれません。

■「USB 3.0」は増設できる

「USB 3.0」が備わっていない古いPCでも、諦めるのはまだ早い場合もあります。

デスクトップPCの場合、「PCI Express」の「USB 3.0 インターフェイス・カード」が販売されていて、それを装着することで「USB 3.0」が使えるようになります。

これは、「スリムPC」や「省スペースPC」の、貴重な「拡張スロット」を1つ消費してでも装着する価値は、充分あります。

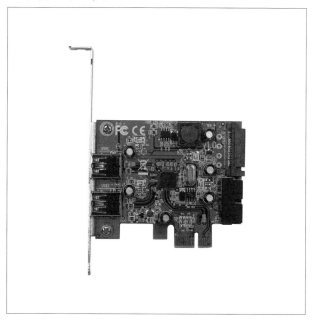

図2-1-2　USB3.0RA-P2H2-PCIE」（玄人志向）
ロープロファイルにも対応する「USB 3.0インターフェイス・カード」。

また、2010年以前の「ノートPC」には、「USB 3.0」を搭載しない代わりに「Express Card」という「拡張スロット」を備えるものがあります。

これを用いれば、「ノートPC」にも「USB 3.0」を増設可能です。

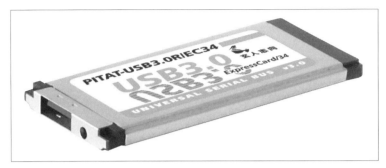

図2-1-3　「PITAT-USB3.0R/EC34」(玄人志向)
「ノートPC」に「USB 3.0」を増設できる。

　「USB 3.0」で「外付けストレージ」の性能がグンと向上するので、古いPCの延命には必須とも言える「拡張カード」です。

　普段使いの処理速度に不満がないPCであれば、次の拡張ステップとして「USB 3.0」の増設はお勧めです。

■USBで増設できる周辺機器

　USB接続の周辺機器は多岐に渡ります。
　その一例を紹介しましょう。

①ストレージ
　SSDやHDD、USBメモリなどの「外付け記憶装置」。

②光学ドライブ
　DVDやBDなどの「光学ドライブ」。

③さまざまな入出力機器
　キーボードやマウス、「ゲーミング・デバイス」など。

④ネットワークアダプタ
　有線/無線LANの「アダプタ」など。

⑤オーディオ・インターフェイス
　外付けの「音声出力機器」。

⑥ディスプレイ
　USB接続の「ディスプレイ・アダプタ」。

　これらの詳細は後の項で解説していますが、多種多様な周辺機器がUSBで接続されていることがお分かりいただけるでしょう。

Column USBのバージョンについて

補足になりますが、USBのバージョンについて、もう少し説明を加えておきます。

これまでに、USBはバージョンアップを重ねて最大転送速度を向上させてきました。現行USBの各バージョンの「規格仕様」を次表にまとめています。

表2-1-1　USB規格の比較表

USB バージョン	規格名	転送モード ブランド名	最大転送速度	コネクタ	電力供給能力 （1ポートあたり）
2.0	USB 2.0	High-Speed	480Mbps	Type A/B/C	2.5W 「USB TypeC」使用時 15W 最大100W（USB PD、オプション）
3.0	USB 3.0	SuperSpeed	5Gbps		
3.1	USB 3.1 Gen1	SuperSpeed	5Gbps		4.5W 「USB TypeC」使用時 15W 最大100W（USB PD、オプション）
3.1	USB 3.1 Gen2	SuperSpeed+	10Gbps		
3.2	USB 3.2 Gen1	SuperSpeed USB	5Gbps		
3.2	USB 3.2 Gen2	SuperSpeed USB 10Gbps	10Gbps		
3.2	USB 3.2 Gen2x2	SuperSpeed USB 20Gbps	20Gbps	Type C	
4	USB4 Gen3	USB4 20Gbps	20Gbps	Type C	15W 最大100W（USB PD、オプション）
4	USB4 Gen3x2	USB4 40Gbps	40Gbps		

　特に「USB 3.x」はバージョンが細かく分かれていて把握しにくいですが、これは新しい「転送モード」が増えるたびに「リネーム」を繰り返したことが原因です。

「USB 3.0」＝「USB 3.1 Gen1」＝「USB 3.2 Gen1」

以上のように、これら3つのバージョンはまったく同じものを意味します。
「USB 3.0」まで対応の少し古いPCでも、新しい「USB 3.2 Gen1」と表記されたUSB機器は問題なくフルスペックで動作します。

■大幅な拡張も可能な「Thunderbolt」

「Thunderbolt」は、IntelとAppleが共同開発した「超高速シリアルバス規格」です。

「Thunderbolt 3」以降はコネクタに「USB Type C」を用いるようになり、USBの上位互換的な存在となりました。

USBと「Thunderbolt」は次のような互換関係です。

「USB 3.1 Gen2」＜「Thunderbolt 3」＜「USB4」≒「Thunderbolt 4」

「ノートPC」を中心に、比較的新しい上位モデルで「Thunderbolt」を搭載するPCが増えてきています。

■「拡張スロット」の接続も可能

「Thunderbolt」は、「ディスプレイ出力」を標準搭載するなど拡張性の高い規格です。

「Thunderbolt 3/4」には「外付けGPUボックス」という、「PCI Expressスロット」を増設する周辺機器まで登場しています。

「外付けGPUボックス」を用いれば、「ノートPC」でもデスクトップPCと同等のビデオカードを搭載可能で、最新ゲームを存分に楽しむことができます。

図2-1-4 「Node」(AKiTiO)
格安の「外付けGPUボックス」の代表的存在。

2-2 「外付けストレージ」の選び方

■手軽なストレージ増設手段

　PCの「ストレージ容量」が足りなくなった場合、何とかして増設する必要がありますが、最も手っ取り早いのがUSBによる「外付けストレージ」の増設です。

　ここではいくつかのパターンに適した「外付けストレージ」の選び方を紹介していきます。

■とにかく容量が必要な場合

●3.5インチ大容量外付けHDD

　スマホで撮り溜めた動画や写真など、大容量のデータを保管するストレージが必要な場合は、「3.5インチHDD」を用いた「外付けHDD」がお勧めです。

　容量は「4TB〜6TB」がバリューゾーンとなっていて、コストパフォーマンスに優れます。

　ただ、このような「外付けHDD」の動作には別途で電源を取る必要があるので、必然的に屋内での据え置き利用が前提となります。

図2-2-1　「HD-LDS6.0U3-BA」（バッファロー）
大容量が必要ならば「外付けHDD」。

●「HDDスタンド」+「単品HDD」で、"疑似超大容量"

　HDDを差し替えできる「HDDスタンド」と、単品HDDを組み合わせた「外付けHDD」の組み合わせもお勧めです。

　作業に応じてHDDを差し替えることで、疑似的な「超大容量ストレージ」を実現します。

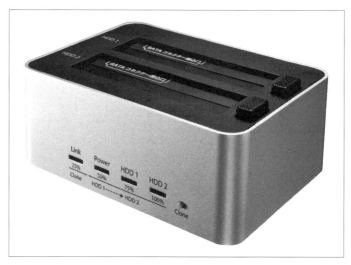

図2-2-2 「KURO-DACHI/CLONE/U3」(玄人志向)
「HDDクローン機能」も備える「HDDスタンド」。

●単品HDDの「CMR」「SMR」に注意

2021年現在、「HDD」は、「書き込み方式」によって、(A)「CMR」(Conventional Magnetic Recording) と (B)「SMR」(Shingled Magnetic Recording) の2種類に大別されています。

「SMR」が新しく登場した書き込み方式で、より安価に大容量を実現した反面、一定量以上 (数百GB単位) の連続書き込みを行なうとパフォーマンスが極端に低下するのが弱点です。

用途によっては致命的なので、購入するHDDが「CMR」か「SMR」かという点は把握しておく必要があります。

*

代表的なHDDメーカーはWebサイトにモデルごとの「CMR」「SMR」を公開しているので、確認してから購入するようにしましょう。

• Western Digital
　各HDDの製品詳細ページに記載。

https://shop.westerndigital.com/ja-jp/c/hdd

• Seagate
　専用ページにリスト記載。

https://www.seagate.com/jp/ja/internal-hard-drives/cmr-smr-list/

• 東芝
　HDDラインナップ一覧ページに記載。

https://toshiba.semicon-storage.com/jp/storage.html

■持ち運べるストレージがほしい場合

●USBメモリ

「USBメモリ」は最もベーシックな「USB外付けストレージ」です。

形状は一般的な「スティック型USBメモリ」と「超小型USBメモリ」に大別でき、「スティック型」は持ち運びに便利で、「超小型」は「ノートPC」に常時接続していても邪魔になりません。

用途に応じて使い分けましょう。

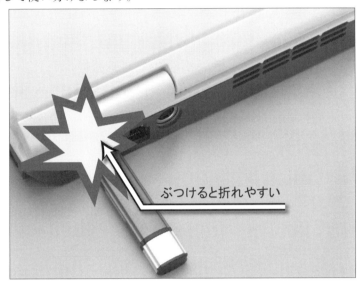

図2-2-3 「スティック型USBメモリ」はデータの持ち運びに便利。
しかし、接続中に物が当たったり本体の落下などで折れてしまう危険性も。

図2-2-4 「RUF3-PS32G-BK」(バッファロー)
常時接続の運用では、物理的破損の危険性が低い、「超小型USBメモリ」がお勧め。

●ポータブルHDD/SSD

　「ポータブルHDD/SSD」は別途電源を必要とせず、USBに接続するだけで動作するのが特徴です。

　「ポータブルHDD」は、内部に「2.5インチHDD」を搭載し、現在は最大容量「5TB」までの「ポータブルHDD」が登場しています。
　ポータブルと言えど、容量も充分です。

図2-2-5　「HD-PGF5.0U3-GBKA」（バッファロー）
「5TB」の大容量「ポータブルHDD」。

＊

　一方、「ポータブルSSD」は「USB 3.0」接続時に真価を発揮し、転送速度は「約400MB/s」以上に達します。
　また、駆動部分の存在しない「SSD」は、故障のリスクも低く、持ち運びに適しています。

図2-2-6　「SSD-PGM480U3-B」（バッファロー）
「USB 3.2 Gen2」に対応し、米国「MIL規格」に準拠する「耐衝撃性能」が特徴。

■ゲームをインストールするドライブがほしい場合

●大容量外付けSSD

　昨今、大容量ストレージを要する用途の筆頭として挙げられるのがゲームです。

　ゲーム1本あたり「100GB」といった容量も珍しくなくなり、その上で快適にゲームをプレイするにはSSDへのインストールが必須です。

　ゲームに用いるのであれば「容量1TB」以上の「外付けSSD」が望ましく、「USB 3.2 Gen2」対応製品であれば「内蔵ストレージ」と遜色ない性能が期待できます。

図2-2-7 「LGB-1BSTUC」(ロジテック)
「USB 3.2 Gen2」に対応した「HDDスタンド」。
このような「外付けケース」と、「単品2.5インチSSD」を組み合わせて構成した「外付けSSD」もお勧め。

●より高速な「M.2 NVMe SSD」搭載「外付けSSD」

　「外付けSSD」には、より高速な「M.2 NVMe SSD」を搭載した製品や、「M.2 NVMe SSD」を取り付けられる「外付けケース」があります。

　「USB 3.2 Gen2」接続時に「最大1,000MB/s」の読み書きが可能で、内蔵の「SATA接続SSD」を超える転送速度を発揮。

　もちろん、ゲーム用としてもお勧めできる「外付けSSD」です。

図2-2-8 「SSD-PH1.0U3-BA」(バッファロー)
「M.2 NVMe SSD」を搭載する外付けSSD。

●SSDのスペックには、それほどこだわらなくても大丈夫

　SSDにはいくつか重要なスペック項目があり、SSD選定の際にはしっかりと判断する必要があります。

① 「TLC」「QLC」の違い

② DRAMキャッシュの有無

　以上の2つが特に重要なスペック項目です。

　「TLC」と「QLC」はデータの保存方式の違いで、「書き込み速度」と「書き換え寿命」に関わってきます。

　基本的に、「TLC」のほうが優れています。

　「DRAMキャッシュの有無」も、「書き込み速度」に関わる項目です。

　ただ、ゲーム用途の場合はインストール時を除いて大量の書き込みが発生するわけではないので、これらのスペック項目の影響をあまり受けません。

　"「TLC」で「DRAMキャッシュ」があればなお良い"程度の認識で大丈夫でしょう。

　万一SSDが故障した場合でも、ゲーム用ストレージであれば再ダウンロードで復旧できるので、保証期間の長さのほうが重要と言えるかもしれません。

■「クラウド・サービス」を活用

●「クラウド・ストレージ」でバックアップ

　周辺機器ではありませんが、データのバックアップが目的でストレージがほしい場合、「クラウド・ストレージ」のサービスを利用するのも有効な手段です。

　普段使いのままクラウド上にバックアップを作れるほか、他のPCやスマホからデータを閲覧、編集できる「共有ストレージ」としても活用できます。

　代表的なサービスをいくつか挙げてみましょう。

Dropbox

・無料容量　　　　2GB

・有料プラン　　　2TB（1,200円/月）、3TB（2,000円/月）

　クラウド・ストレージの老舗とも言えるサービスです。

https://www.dropbox.com/ja/

Googleドライブ

・無料容量　　　　15GB

・有料プラン　　　100GB（250円/月）、200GB（380円/月）、他

　「Googleアカウント」をもっていれば利用できるサービスです。

　有料プランはひと月数百円から利用できます。

https://www.google.co.jp/drive/

Amazon Drive

・無料容量　　5GB
・有料プラン　　100GB（2,490円/年）、1TB（13,800円/年）、他

Amazonプライム会員であれば、写真は無限にアップロードできます。

https://www.amazon.co.jp/

Microsoft OneDrive

・無料容量　　5GB
・有料プラン　　50GB（224円/月）、「Microsoft 365 Personal」ユーザー 1TB（12,984
　　　　　　　　円/年）

Windowsともっとも親和性の高いサービスです。

「Microsoft 365 Personal」ユーザーであればオマケとして「1TB」を実質無料で利用
できるのがポイント。

https://www.microsoft.com/ja-jp/microsoft-365/onedrive/online-cloud-storage

2-3　　ディスプレイの選び方

■「ディスプレイ」買い替えのすすめ

　PCを使用中、ずっと見続けることになる「ディスプレイ」は重要な周辺機器の1つです。使用中のディスプレイが満足いくものであれば買い替えの必要はありません。

　しかし、「まだ映っているから」「次買ったディスプレイが合うか分からないから」といった消極的な理由で、何らかの不満を抱えつつも買い替えには及び腰の人も多いのではないでしょうか。

　現在のディスプレイの不満点や、希望する機能をハッキリさせれば、「ディスプレイ選び」で失敗する確率を大幅に減らすことができます。

　以下に、代表的な不満点をいくつか挙げていくので、当てはまるものかないか確認してみましょう。

《不満点①》　「色変わり」がきつい

　「視野角が狭い」と言われる状態で、ディスプレイを上下左右方向から覗いたときに「色が変化」したり、「明るさが反転」したりする現象です。

　「**TN液晶**」特有の現象で、解消するためには視野角の広い「**IPS液晶**」を搭載したディスプレイに買い替えます。

　「**VA液晶**」でも、「TN液晶」より視野角は大幅に改善されます。

図2-3-1　「ProLite XU2493HSU」(iiyama)
IPS、23.8インチ、フルHD対応とベーシックな性能の「液晶ディスプレイ」。
実売価格も1万円台後半とお手頃。

《不満点②》 「表示情報量」が少ない

　Webページの閲覧や表計算ソフトを使っていて、もっと一度に情報を表示したいと感じたら、「高解像度対応」のディスプレイに買い替えましょう。

　「4K」(3,840×2,160ピクセル) や 「WQHD」(2,560×1,440ピクセル) がターゲットとなります。

　画面サイズとも相談が必要ですが、27インチまでは「WQHD」、27インチを超えると「4K」が使いやすい解像度と言われています。

図2-3-2　「TUF Gaming VG27AQL1A」(ASUS)
IPS、27インチ、WQHD@170Hzの人気「ゲーミング・モニタ」。

図2-3-3　「S2721Q」(DELL)
IPS、27インチ、4KHDRに対応。
直販を活かして3万円台前半の低価格を実現。

　また、表示情報量を増やす手段として、ディスプレイを追加する「マルチ・ディスプレイ」も考えられます。

　ゲームをプレイしながらWebサイトを参照するなど、複数の異なる情報を参照するときに「マルチ・ディスプレイ」はとても便利です。
　PCが複数の「ディスプレイ端子」を備えているのなら検討の価値はあります。

図2-3-4　PCに複数のディスプレイを接続すると、Windowsが自動的に「マルチ・ディスプレイ」を構築。
　　　　　Windowsの「ディスプレイの設定」から画面配置やメイン画面指定などの設定を行なう。

《不満点③》　迫力が足りない

　ゲームや動画視聴でもっと迫力がほしいと思ったら、「ディスプレイ」のサイズを大きくすることを検討しましょう。
　設置場所が許すならば、「4K・32インチ」の「大型液晶ディスプレイ」がバランスに優れています。

図2-3-5　「32UN650-W」(LGエレクトロニクス)
IPS、31.5インチ、4K対応の「液晶ディスプレイ」。

　また、画面縦横比「21：9」や「32：9」という変則サイズの「ウルトラ・ワイドモニタ」も、迫力を求めるデバイスとして、昨今、注目を集めています。

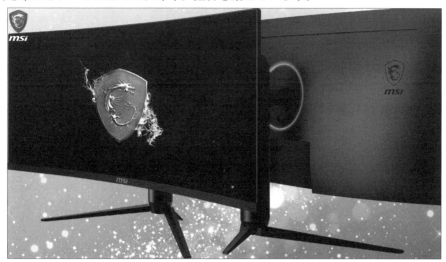

図2-3-6　「Optix MAG342CQRV」(MSI)
VA、34インチ、「3,440×1,440ピクセル」(UWQHD)＠100Hzの「ウルトラ・ワイドモニタ」。

《不満点④》　「残像」が気になる

　ゲームなどで画面を凝視していると、液晶表示の「残像」をハッキリと感じてしまい、画面が見づらく感じることがあります。

　液晶表示の残像を減少させるには、応答速度「1ms」を目安に考えたディスプレイの買い替えが必要です。
　一時、応答速度の速いディスプレイは「TN液晶」の独壇場でしたが、現在は「IPS液晶」「VA液晶」ともに応答速度「1ms」のディスプレイが多数ラインナップされています。

　また、応答速度だけでなく「高リフレッシュレート」対応の「ゲーミング・モニタ」であれば、残像距離が短くなり、より残像感を低減できます。

　「ゲーミング・モニタ」は競技性の高い「FPS/TPSゲーム」で威力を発揮すると言われますが、他のゲームや通常作業でも「高リフレッシュレート」による動きの滑らかさは有効です。
　「ミドルクラス」以上の性能をもつPCであれば、「ゲーミング・モニタ」を導入しないと大変もったいないと言わざるを得ないほどです。

　また、「ゲーミング・モニタ」は「G-SYNC」や「FreeSync」といった同期機構をもつのが一般的で、「ミドルクラス」以下のPC性能であっても「ティアリング」(tearing)や「スタッタリング」(stuttering)といった不快な表示がなくなり、ゲーム体験が向上します。

　2019年ごろから低価格帯の「ゲーミング・モニタ」も充実しはじめ、2～3万円台から購入できるようになったので、一度試してみるのもお勧めです。

図2-3-7　「TUF Gaming VG249Q1R-J」(ASUS)
IPS、23.8インチ、フルHD@165Hzのベーシックな「ゲーミング・モニタ」。
実売価格「2万円台中盤」の「お手頃価格」で人気を集める。

■その他のディスプレイ買い替えのポイント

　PCとディスプレイをつなぐインターフェイスにはいくつか規格があり、双方で規格が揃っていなければ「変換アダプタ」を使う必要があります。

　また、規格のバージョンによって出力可能な最大解像度も変わるなど、留意しておかなければならない点がいくつかあります。

＊

　現在主に使われている「ディスプレイ用インターフェイス」は、次の5規格です。

---

①VGA

　PC黎明期の古い時代から存在するディスプレイ用インターフェイス。

　コネクタ形状から、「ミニD-SUB15ピン」と呼ばれることもあります。

　以前はPCに必須とされていましたが、現在は搭載しないPCも増えてきました。

　実用的な最大解像度は「1,920×1,200ピクセル」。

②DVI

　PCとディスプレイをデジタルで接続するインターフェイスです。

　「液晶ディスプレイ」の普及とともに、広く使われるようになりました。

　デジタル専用の「DVI-D」、デジアナ両用の「DVI-I」があり、長らく主流でしたが、徐々に使われなくなっています。

　実用的な最大解像度は「2,560×1,440ピクセル」。

③HDMI

　「映像信号」と「音声信号」を1本のケーブルで伝送できる、デジタル接続のインター

フェイスで、現在のPCでは主流のディスプレイ用インターフェイスです。

「HDMI」は細かくバージョンアップが繰り返されていて、「HDMI 2.0」以降で「4K@60Hz」に対応します。

少し古いPCに搭載されていた「HDMI 1.4」の実用的な最大解像度は、「2,560×1,440ピクセル」までです。

④DisplayPort

「DisplayPort」は、業界団体「VESA」によって「DVI」の後継として策定されたディスプレイ用インターフェイスです。

主流の「DisplayPort 1.2」以降で「4K@60Hz」や「1,920×1,080ピクセル@240Hz」に対応。

「4Kモニタ」や「ゲーミング・モニタ」を用いる場合、基本的に「DisplayPort」の使用が推奨されます。

⑤USB Type C

一部の「ノートPC」では「USB Type C」からディスプレイ出力が可能となっていて、現在の主流になりつつあります。

ディスプレイ側も「USB Type C」の入力があれば直結できますが、まだ対応していないディスプレイも多いので、変換アダプタで「HDMI」か「DisplayPort」に変換して接続するのが一般的です。

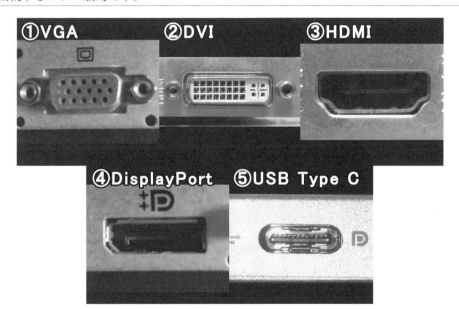

図2-3-8　ディスプレイ用インターフェイス

*

以上5つのインターフェイスを主な規格として挙げましたが、現在はPC側もディスプレイ側も「HDMI」と「DisplayPort」のみを搭載する製品が主流になりつつあります。

「VGA」や「DVI」しか搭載していない古いPCに現行のディスプレイを接続する場合は、

「変換ケーブル」や「アダプタ」が必要になるでしょう。

図2-3-9　「VGA-CVHD7」(サンワサプライ)
「VGA」を「HDMI」に変換するアダプタ。

●ディスプレイ用インターフェイスの増設

　ディスプレイ用インターフェイスは、デスクトップPCで「2〜4個」、「ノートPC」で「1〜2個」備わっているのが一般的です。

　同じ数だけディスプレイを同時接続して「マルチ・ディスプレイ」を構築できますが、さらにディスプレイを増やしたい場合はインターフェイスの増設が必要です。

　デスクトップPCの場合、「空き拡張スロット」があれば「ビデオカードの増設」で対応可能ですが、「ノートPC」で「ビデオカード増設」は困難なため、USBで増設する「**USBディスプレイ・アダプタ**」の導入がお勧めです。

　デスクトップPCの場合でも「USBディスプレイ・アダプタ」は消費電力の面で優秀なので、ゲーミング性能が必要ないのであれば、手軽なディスプレイ増設方法として「USBディスプレイ・アダプタ」はお勧めです。

図2-3-10　「USB-CVU3HD1」(サンワサプライ)
「USB 3.0」から「HDMI」出力を行なう「USBディスプレイ・アダプタ」。

2-4　その他の周辺機器

■キーボード、マウスの強化

　普段からPCで文書を作る人であれば、好みの打ち心地のキーボードを見つけることでPCでの作業が捗ります。

　ネットでの口コミなどは参考程度に、ぜひ実店舗で実際に触って比べてみることをお勧めします。

●ゲーミング・キーボード

　実務的な観点以外では「ゲーミング・キーボード」が注目を集めています。

　FPSなどの対戦ゲームでは素早く正確に入力できるキーボードが求められるため、「ゲーミング・キーボード」にはそのための工夫が施されています。

①メカニカルキー

　多くの「ゲーミング・キーボード」は耐久性が高く反応のいい、「メカニカルキー」を採用しています。

②Nキー・ロールオーバー

　複数キーを同時に押しても正しく入力を拾えることを示すスペックです。

　「全キー・ロールオーバー」「10キー・ロールオーバー」などと記されます。

　以上のような機能をもつキーボードが、「ゲーミング・キーボード」として販売されています。

　そして、「ゲーミング・キーボード」と言えば、やはり「光るキートップ」。

　デザインで選ぶのも楽しいです。

G512　リニア／タクタイル

図2-4-1　「G512 Carbon RGBメカニカルゲーミング・キーボード」（ロジクール）
RGBで光る「ゲーミング・キーボード」。

●ゲーミング・マウス

　マウスも、キーボードと同様に、手に馴染むマウスを実店舗で探すのがお勧めです。

　さらに、「ゲーミング・マウス」と呼ばれる製品には、通常のマウスにはない機能が備わっています。

①高DPI、DPI切り替え

　マウスの感度がとても高く、ボタン1つで感度を自由に変更可能です。

②ショートカット・キー

　マウスサイドなどに複数のキーを配置、好きな機能を割り当てられます。

　以上のような機能が「ゲーミング・マウス」には備わっていて、さまざまなゲームで快適な操作性と高い精度を提供します。

「PROワイヤレス」　　　　「PROマウス」　　　　「G502 HERO」

図2-4-2　「G-PPD-002WLr/G-PPD-001t/G502RGBhr」(ロジクール)
ロジクールの「ゲーミング・マウス」は人気が高い。

　なお、「ゲーミング・マウス」の使用時には「ゲーミング・マウスパッド」が必需品となります。

　「ゲーミング・マウスパッド」は通常のマウスでも操作を快適にしてくれるので、万人にお勧めできるゲーミング・デバイスと言えるかもしれません。

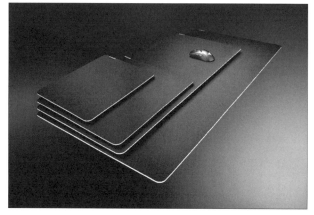

図2-4-3　「Razer Gigantus V2」(Razer)
さまざまな素材やサイズがある「ゲーミング・マウスパッド」。

■外付け光学ドライブの準備

　昨今、使用頻度が極端に下がってきたことから「光学ドライブ」を標準搭載するPCも減ってきています。

　しかし、いつか「光学ドライブ」が必要になるときが来るかもしれないので、もし1台も光学ドライブをもっていないのならば、USB接続の「**外付け光学ドライブ**」を1台所持しておくことをお勧めします。

＊

　「外付け光学ドライブ」には、**(a)**「据え置き型」と**(b)**「ポータブル型」の2種類があります。

　たまに読み出しに使う程度であれば、外部電源不要で手軽に扱える「ポータブル型」がお勧めです。

　逆に、がっつりとディスク書き出しにも活用したい場合は、外部電源で安定動作する「据え置き型」がお勧めです。

図2-4-4　「EX-BD03K」(アイ・オー・データ機器)
実売価格7,000円前後のお手頃「ポータブル型BDドライブ」

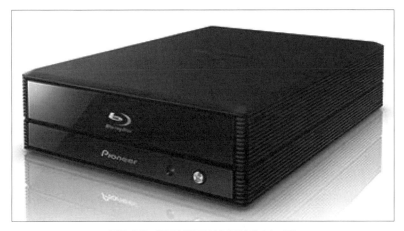

図2-4-5　「BDR-X12J-UHD」(パイオニア)
「UHD BD」の再生にも対応する「据え置き型BDドライブ」。
「バンドル・ソフト」も豊富。

　1つ注意点を挙げると、BDソフトの最高峰である「**4K Ultra HD Blu-ray**」(UHD BD)は、Intel「第7世代Coreプロセッサ」以降を積んだPCでしか再生できないなどの制約がいろいろとあります。

　「UHD BD」目的で「光学ドライブ」を増設しようとする場合は、手元のPCが「UHD BD」再生に対応しているか事前に確認しておきましょう。

■オーディオを強化する

　昨今、CD以上の高音質を謳う「ハイレゾ音源」が注目を集めています。

　「ハイレゾ音源」を再生するには、「24bit/96KHz以上」の再生に対応した「サウンド・デバイス」が必要で、「**USB DAC**」や「**USBオーディオ・インターフェイス**」などをPCに追加することで対応します。

　オーディオ機器の価格はピンキリですが、1万円以下の「USBオーディオ・インターフェイス」でも充分に楽しめます。

　中には「サラウンド出力」を兼ねる製品もあり、BD映画鑑賞を楽しむときにも役立つでしょう。

図2-4-6　「Sound Blaster X3」(クリエイティブ)
「ハイレゾ再生」と「7.1chスピーカー出力」に対応。

■USBポートが不足した場合

　デスクトップPCはUSBポート数にも多少余裕がありますが、「ノートPC」の場合はUSBポートの数は「3〜4ポート」くらいが一般的かと思います。

　これでは先に挙げたさまざまな周辺機器を加えていくとUSBポートが足りなくなります。

　そこで必要となるのが、USBポートを増やす「**USBハブ**」です。

＊

　「USBハブ」は大きく2種類に大別されます。

①「バスパワー型」ハブ
　PC本体からの電力供給のみで動作します。

②「セルフパワー型」ハブ
　専用の「電源アダプタ」を「USBハブ」に接続して動作します。

　据え置きで使う場合は基本的に「セルフパワー型ハブ」を選びましょう。
　また、これから購入するのであれば「USB 2.0」専用の「USBハブ」は避けて、「USB 3.0 以降」の「USBハブ」がお勧めです。

図2-4-7　「U3H-T706SBK」（サンワサプライ）
急速充電ポートを備える「USB 3.0」対応の「7ポートセルフパワー型ハブ」。

2-5　ネットワーク環境をパワーアップ

■「無線LAN環境」をパワーアップ

　2021年現在、「Wi-Fi 6」と呼ばれる第6世代の「無線LAN」（IEEE802.11ax）に対応した製品ラインナップも充実し、ここ数年で無線LANは格段に高速化を遂げてきました。

　特に「Wi-Fi 4」以前の環境（IEEE802.11n以前）で現在も運用し続けている人にとっては、無線LAN機器のリプレイスを行なってパワーアップするいいタイミングと言えます。

●PC側の無線LANパワーアップ

　PC側の無線LAN機能が「2.4GHz帯」の「IEEE802.11b/g/n」のみに対応するものだった場合は、「5GHz帯」に対応した「USB無線LANアダプタ」などでパワーアップすることをお勧めします。

　2021年春現在、最新の「Wi-Fi 6」に対応した「USB無線LANアダプタ」はまだ登場していませんが、「Wi-Fi 5」（IEEE802.11ac）対応の「USB無線LANアダプタ」でも効果は得られます。

図2-5-1　「WI-U2-433DMS」（バッファロー）
「USB 3.0」に接続する「Wi-Fi 5」対応の「USB無線LANアダプタ」。

　なお、PC側の無線LAN機能が「5GHz帯」の「IEEE802.11n」以降に対応しているのであれば、「無線LANルータ」をリプレイスするだけで転送速度が向上することもあり得ます。

　最新の「無線LANルータ」は搭載プロセッサも強化されているため、旧規格でも性能を限界まで引き出してくれる可能性があるからです。
　よって、PC側の無線LANはそのままで、様子を見てみるのも一手です。

■「無線LANルータ」の選び方

　無線LAN環境は、その中心となる「無線LANルータ」の性能によって大きく左右されます。
　ここからは、「無線LANルータ」を選ぶ際に重要となるポイントをいくつか解説していきます。

《ポイント①》　対応する「無線LAN規格」

　現行の「無線LANルータ」は、ほとんどが「Wi-Fi 6」（IEEE 802.11ax）か「Wi-Fi 5」（IEEE 802.11ac）対応のどちらかです。

　基本的に新しい「Wi-Fi 6」が優れており、製品ラインナップもエントリーモデルからハイエンドまで選択肢が充実してきていることから、原則「Wi-Fi 6」対応の「無線LANルータ」を選択しましょう。

表2-5-1　歴代「無線LAN規格」の比較。
「Wi-Fi 5」以降で「最大転送速度」が急激に向上しているのが分かる。

規格名	IEEE802.11b	IEEE802.11a	IEEE802.11g	IEEE802.11n	IEEE802.11ac	IEEE802.11ax
Wi-Fi名称	−	−	−	WI-Fi 4	Wi-Fi 5	Wi-Fi 6
使用周波数帯域	2.4GHz帯	5GHz帯	2.4GHz帯	2.4GHz帯 /5GHz帯	5GHz帯	2.4GHz帯 /5GHz帯
変調方式	DSSS/CCK	OFDM 64QAM	OFDM 64QAM	OFDM 64QAM	OFDM 256QAM	OFDM 1024QAM
最大ストリーム数	1	1	1	4	8	8
チャネル・ボンディング	−	−	−	40MHz	40/80/80+80/160MHz	40/80/80+80/160MHz
複数同時接続	−	−	−	−	MU-MIMO	MU-MIMO/OFDMA
最大転送速度	11Mbps	54Mbps	54Mbps	600Mbps	6.9Gbps	9.6Gbps

《ポイント②》　最大転送速度

　「最大転送速度」の「上限」は規格ごとに決まっており、新しい規格のほうが「最大転送速度」は速くなります。

　また、同じ規格でも「アンテナ構成」や「チャネル・ボンディング」の違いによって最大転送速度が異なります。

「Wi-Fi 6」対応の「無線LANルータ」であっても製品によって最大転送速度がバラバラなのはそういう理由からです。

図2-5-2　「Archer AX90」(TP LINK)
「Wi-Fi 6」で「最大4,804Mbps」のハイエンドモデル。
実売価格は2万円台中盤。

※業界最長クラスの3年保証付き

図2-5-3　「Archer AX20」(TP LINK)
同じく「Wi-Fi 6」でも「最大1,201Mbps」のエントリーモデル。
実売価格も1万円以下と安価。

　また、製品の謳い文句として最大転送速度を「○○○○Mbps＋○○○Mbps」と記している製品が多くあります。
　これは「5GHz帯の最大＋2.4GHz帯の最大」を表わしています。
　両者は併用可能なので、その合算が最大転送速度というわけです。

《ポイント③》 対応周波数帯

「無線LANルータ」のスペックには、無線通信に使う「周波数帯」が記載されています。

・5GHz帯（W52/W53/W56）
・2.4GHz帯（1～13ch）

以上のような内容が記載されていますが、これは規格で定められているものなので、どの製品もほぼ同じ内容です。

「5GHz帯」と「2.4GHz帯」の両方に対応するものを一般に「デュアルバンド」と呼びますが、付随して注目したいキーワードに「トライバンド」があります。

「トライバンド」とは、字のごとく3つの周波数帯を同時に扱える機能で、一般的に「5GHz帯」を1つ多く使えます。
2つの「5GHz帯」に異なる「SSID」を割り当て、それぞれ干渉することなく、「フルスピード通信」できる点がメリットです

また「トライバンド」対応製品では、最大転送速度の謳い文句も「4,804Mbps＋4,804Mbps＋1,148Mbps」といった具合に、3つに増えています。
この記述から「トライバンド」対応であると確認することもできます。

使う無線LAN機器の数が多く、それぞれの通信速度も重視するならば「トライバンド」を検討してみてください。

図2-5-4 「RT-AX92U」（ASUS）
「トライバンド」対応「無線LANルータ」

《ポイント④》 アンテナ構成

無線LANの「アンテナ構成」は「2×2」や「4×4」といった形で表わされます。
これは「受信アンテナ本数×送信アンテナ本数」という意味です。

昨今の無線LANはアンテナを複数利用する「MIMO」という技術で高速化してきました。
すなわちアンテナ本数の多いほうが最大転送速度も上という認識でいいでしょう。

①8ストリーム（8×8 MIMO）　最大約9.6Gbps
②4ストリーム（4×4 MIMO）　最大約4.8Gbps
③2ストリーム（2×2 MIMO）　最大約2.4Gbps

「Wi-Fi 6」を例にすると、以上のようにアンテナ本数が減ると最大転送速度も下がります。
アンテナ本数が多く、最大転送速度も高い「ハイエンド無線LANルータ」は、複数端末同時通信の「MU-MIMO」使用時にその最大性能を発揮します。
また通信を安定させる「ビームフォーミング」もアンテナ本数の数が効果的に働きます。

家族が同時に大容量通信を使う場合は、「8ストリーム」の「無線LANルータ」がお勧めです。
一般的な用途であれば「4ストリーム」の「無線LANルータ」で大丈夫でしょう。

さらに広範囲で通信を安定させたい場合は「メッシュWi-Fi」に対応した製品の導入も検討してみてください。

図2-5-5 「Deco X20」(TP-Link)
「Wi-Fi 6」対応の「メッシュWi-Fi」セット。

《ポイント⑤》 有線LAN部分のスペック

「1Gbps超」のインターネットサービスも増えてきたことから、「無線LANルータ」にもハイエンド機種を中心に「1Gbps」を超える「LAN (WAN) ポート」（「10GBASE-T」「2.5GBASE-T」など）を搭載する製品が登場しています。
超高速インターネットを利用するのであれば、これら「有線LANポート」の確認も重要です。

図2-5-6 「WXR-6000AX12S」(バッファロー)
「10ギガ」光インターネットにも対応。

　また国内の超高速インターネットサービスでは、「IPv6」関連で「DS-Lite」や「MAP-E」という技術を使っています。
　ところが海外メーカー製の「無線LANルータ」の多くが、これら「DS-Lite」や「MAP-E」を用いた「IPv6サービス」に対応していません。

＊

　「無線LANルータ」を「APモード」(アクセス・ポイント)として運用するのであれば問題ありませんが、「無線LANルータ」として「ルータ機能」も使いたい場合は、「DS-Lite」「MAP-E」対応を謳っている国内メーカー製品を選ぶのが無難でしょう。

■「無線LANルータ」の選び方まとめ

　以下に、「無線LANルータ」の選び方のポイントを総括します。

・原則「Wi-Fi 6」対応製品を選択。

・最大転送速度は「MU-MIMO」の複数接続時に威力を発揮。
　複数端末でもっと安定した高速通信を求めるなら「トライバンド」を検討。

・アンテナ構成は「4×4」を基本に。
　「2×2」はワンルームなどの見通せる範囲内での利用を推奨。
　広範囲向けには「メッシュWi-Fi」の検討も。

・「1Gbps超」のインターネットを利用するなら、「有線LANポート」の仕様も要確認。

　PC以外にも、スマホやタブレットなど「無線LAN」を利用する機器が家庭内に溢れかえっている昨今、最新「無線LANルータ」の導入はネット利用を大きく改善してくれるでしょう。

第3章

PCをメンテナンスする

　「形あるものはいつか崩れる」という言葉があるように、何の問題もなく動いているPCも、いつかは調子が悪くなり、最後は壊れてしまいます。

　しかし、大事に扱えば、故障するまでの時間を格段に延ばすこともできるでしょう。

　そこで重要となるのが、「クリーニング」と「メンテナンス」です。

　第3章では「PCのクリーニング」と、「ハード」「ソフト」両面からの「メンテナンス」について解説します。

CPU グリス

Memtest86

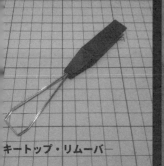

キートップ・リムーバ

PC 掃除用具一式

3-1　PCの「クリーニング」と「ハードウェア・メンテナンス」

■PCが汚れる原因は？

●埃汚れ

PCが汚れる原因としては、まず「埃汚れ」が挙げられます。

基本的にPCは「空冷」で、冷却のために外気を取り込み、PC内で温まった空気をPCケース外に出すように「ケース・ファン」が取り付けられています。
この空気の流れに沿って、「空気清浄機」よろしく部屋の「埃」をどんどんPCへ吸い込んでいくため、PC内外にどんどん「埃」が溜まってしまうのです。

PC内部、特に熱を放出する「CPUクーラー」や「GPUクーラー」に過剰な「埃」が付着すると、熱交換が疎外され、CPUやGPUの温度が下がりにくくなります。
結果として、性能を100%発揮できなくなり、動作が遅くなってしまうわけです。
定期的にPC内部の埃汚れを掃除したほうがいいとされる理由が、ここにあります。

●皮脂汚れ

「キーボード」や「マウス」など、人の手が触れる場所に付く汚れが「皮脂汚れ」です。
「皮脂汚れ」がPCの性能に影響することはないですが、PCを気持ち良く使うために手入れをしておいたほうがいいでしょう。

■「PCクリーニング」に便利な掃除用具

●掃除用具はさまざま

PCのクリーニングに使う掃除用具はさまざまですが、「埃を払うもの」と「皮脂汚れなどを拭き落とすもの」が必要です。

掃除用具の一例としては次のものが挙げられます。

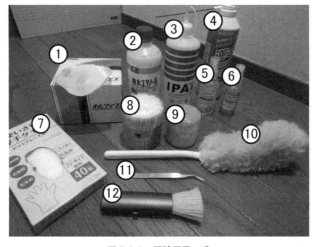

図3-1-1　掃除用具一式

①紙ウエス

「クリーナー液」を染み込ませて拭き掃除をするための紙製の「ウエス※」です。

「OAクリーナー」や「無水エタノール」などは、直接機器にかけたりせず、必ず「紙ウエス」などに染み込ませて使うようにしましょう。

ティッシュよりも繊維が強くて毛羽立たない、洗浄用の「紙ウエス」があると、なおいいです。

> ※「ウェイスト・ラグ」(Waste Rag)の略

②無水エタノール

脱脂、除菌効果のあるアルコールです。

「皮脂汚れ」を落とすのに効果的ですが、使用時はビニール手袋の着用を推奨します。

③イソプロピル・アルコール

工業向けの「洗浄用アルコール」です。

「無水エタノール」よりも汚れを落とす力が強く、皮脂以外の汚れを落とすのにも便利です。

「無水エタノール」よりも刺激が強いので、使用時は換気をよくして、ビニール手袋を着用してください。

④エア・ダスター

空気を噴射して埃を飛ばすのに用います。

「エア・ダスター」には「可燃性」と「不燃性」の2種類があり、バッテリを外せない「ノートPC」の掃除に使う場合は「不燃性エア・ダスター」を用意したほうがいいとされています。

⑤市販OAクリーナー

一般的な「OAクリーナー」です。

「無水エタノール」などと比べて洗浄力は落ちますが、刺激が少なく素手で扱えるので、普段使いには便利です。

⑥ディスプレイ用クリーナー

「液晶ディスプレイ」の表面には特殊なコーティングが施されているものもあり、「ディスプレイ用クリーナー」の使用が推奨されます。

⑦使い捨てビニール手袋

アルコールに侵されないポリエチレンのビニール手袋です。

「無水エタノール」や「イソプロピル・アルコール」使用時に着用します。

⑧綿棒

アルコールを染み込ませ、細かい部分の拭き取りに用います。

⑨つまようじ

　樹脂のつなぎ目や「ヒートシンク」の隙間など、細い部分の汚れを取るのに用います。

⑩ハンディ・モップ

　PCケース外や周辺機器の埃をおおまかに払うのに用います。

⑪ピンセット

　ファンの奥に挟まった埃の塊などを摘出するのに用います。

⑫帯電防止ブラシ

　PCケース内部に付着している埃を払うのに用います。

Tips　アルコールの注意点

　コロナ禍の影響もあり、「無水エタノール」などの高濃度アルコールが一般家庭にも浸透し身近になってきました。
　しかしこのアルコール、使い方を間違えると大変なことになります。
＊
　PCのクリーニングでアルコールを使う際に気を付けたいのが、「樹脂パーツ」との相性です。

　PC本体や周辺機器に広く用いられている「ABS樹脂」はアルコールとの相性が悪く、「表面の荒れ」や「ひび割れ」の原因になるとされています。
　特に、大きな力が加わる状況では劣化が進みやすいです。
　ただ、ウエスに含ませて拭き取る程度ではさほど影響はないようで、筆者の使用範囲で悪影響が出た経験はありません。
　スプレーで樹脂に直接吹き掛けるといったことだけは避けるようにしましょう。
＊
　一方で、少量でも深刻な影響を及ぼすのが透明樹脂の「アクリル」です。
　昨今はサイドパネルに「アクリル」を用いた「PCケース」も増えてきていますが、「アクリル」にアルコールが付着するとすぐに「曇り」や「ひび割れ」が発生します。
　同様に「Webカメラ」のレンズ部分なども危険です。
　透明樹脂には絶対アルコールを付けないように気を付けてください。

　加えて、高濃度アルコールは塗装面や印刷面に影響することがあり、そのような個所へ使用する場合は、「目立たない個所で一度試す」「アルコールを水で80%以下に希釈する」「力をかけずに拭く」などを心掛けてください。

■周辺機器のクリーニング

●キーボードのクリーニング

「キーボード」は「埃」や「皮脂」ですぐに汚れてしまう周辺機器です。

「掃除機」や「エア・ダスター」を用いてキーの隙間のごみを掃き出し、「無水エタノール」を含ませたウエスで表面を拭くように手入れをします。

図3-1-2 「掃除機」や「エア・ダスター」でキーの隙間のごみを取り除き、「無水エタノール」で表面のクリーニング。

■「キートップ」を外した大掃除

長期間使った「キーボード」は、「キートップ」の横などにも汚れが溜まってきてしまいます。

この部分は拭き取りにくいので、「キートップ」を取り外してキー1個1個を個別に拭いていくのも1つの手段です。

ただ、「キートップ」を外す作業はリスクもあり、最悪「キーボード」が壊れることもあります。

昨今は「キートップ」の着脱を前提に設計された高級キーボードも増えてきていますが、そうでない場合は「キー」の強度が足りず、簡単に壊れる「キーボード」もあるのです(実際、筆者も壊した経験があります)。

作業に自信がない場合は止めておいたほうが無難でしょう。

作業を行なう場合は、自己責任でお願いします。

■「キートップ」を外すのに必要な工具

「キートップ」を外すには専用の工具が必要です。

「キートップ・リムーバー」や「キー・プラー」などと呼ばれています。

なお、このような「キートップ・リムーバー」で「キートップ」を外せるキーボードは「メンブレン式」や「メカニカル式」と呼ばれるタイプのもので、「ノートPC」などに用いられる「パンタグラフ式」のキーボードには対応しないので気を付けてください。

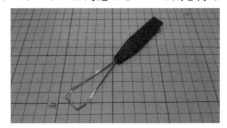

図3-1-3 ワイヤー式の「キートップ・リムーバー」
他に樹脂製のタイプもある

●「キートップ」を外してクリーニング

「キートップ」は次の手順で外します。

[手順] 「キートップ」の取り外し

[1]「キーボード」をPCから取り外し、キーボード全体の写真を撮影しておきます。

「キートップ」を元へ戻すときに必要になるものです。

図3-1-4 元に戻す際、参照するための写真を撮影

[2]「キー」を挟み込むように、「キー」の隙間に「ワイヤー」を潜り込ませ、少しひねって「キートップ」の四隅の対角にワイヤーが引っ掛かる状態にします。

①挿し込んで
②ひねる

図3-1-5 「キー」の隙間にワイヤーを入れて少しひねり、四隅の対角にワイヤーを引っ掛ける

[3] ゆっくりじわりと力を入れて真上に引き上げます。

図3-1-6　ゆっくりと力を入れて、勢いを付けないように真上に引き上げる

[4]「キートップ」が引き抜かれます。

図3-1-7　「キートップ」の引き抜きに成功
外れた瞬間に勢いよく飛んでいくこともあるので、見失わないように注意。

上記の手順を繰り返し、キートップを外します。

＊

外した「キートップ」は「無水エタノール」で全面を拭いてきれいにします。

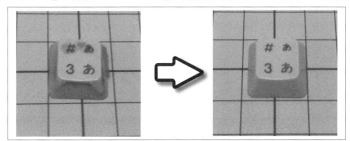

図3-1-8　汚れに汚れた「キートップ」も、ここまできれいになる

また、「キートップ」を外したあとのベース部分に汚れが溜まっていたら、掃除機など

で吸い出しておくといいでしょう。

　外した「キートップ」は元の位置に真上から押し込むことで再び取り付けられます。
最初に撮影した写真を参考に元の位置に戻していきましょう。

Tips　外さないほうがいいキートップ

　通常より大きなサイズの「特殊キー」、たとえば [Space] キーや [Enter] キー、[Shift]
キーなどは、外さず、そのままにしておいたほうが無難です。

　これらの「特殊キー」は裏側に力を均等にするための針金を通していることが多く、
取り外す際に壊れたり、戻すときに苦労することがあるからです。

　「通常キー」を外すだけでも、だいぶクリーニングしやすくなるので、「特殊キー」は
キーボード本体に付けたままクリーニングするといいでしょう。

図3-1-9　外すのは通常の「キートップ」のみにしておく

●「マウス」のクリーニング

　「マウス」も「キーボード」と同じく、皮脂汚れが付きやすい周辺機器です。
　「マウス」は「OAクリーナー」や「無水エタノール」を含ませたウエスで拭き、パーツの
境目に溜まった手垢は「つまようじ」で除去するといいでしょう。

　注意点として、「光学式マウス」のセンサ部分にエタノールが付くと、劣化する危険が
あります。
　センサ部分は拭かないように気を付けましょう。

●「ディスプレイ」のクリーニング

　「ディスプレイ」の表示面のクリーニングには「ディスプレイ用クリーナー」を用います。
　過度な力で拭くと「傷」や「故障」の原因になるので、優しく拭くように注意しましょう。

　スタンドや背面は、他の周辺機器と同じく「OAクリーナー」や「無水エタノール」を含
ませたウエスで拭いてクリーニングします。

図3-1-10 専用のクロスとセットで販売されている「ディスプレイ用クリーナー」が便利

■PCケース外部のクリーニング

　クリーニング作業は、PCの「電源ケーブル」を抜き、必ず**電源が落ちている状態**で行ないます。

　「ノートPC」の場合、バッテリが脱着タイプであれば外しておくようにしましょう。

図3-1-11 「電源ケーブル」を抜いてからクリーニング

●「埃取り」と「拭き掃除」

　PCケース外部は、日頃から「ハンディ・モップ」や「OAクリーナー」で軽く「埃取り」と「拭き掃除」をするようにしましょう。

図3-1-12 日頃から汚れを落としておく
表面の埃取りには「ハンディ・モップ」、拭き掃除には刺激の低い「OAクリーナー」が便利。

●埃の溜まりやすい場所

　PCケース外部には埃の溜まりやすい場所があり、それはPCケース内部の「エアフロー」によって変わります。

①PCケース内部が「正圧」の場合
　「排気ファン」より「吸気ファン」のほうが強く、**PC内部の気圧が高めに保たれている**場合を「**正圧**」と言います。
　この場合、埃は「吸気ファン」付近にのみ溜まります。

②PCケース内部が「負圧」の場合
　逆に「吸気ファン」より「排気ファン」のほうが強い場合を「**負圧**」と言います。
　この場合、PCケースのさまざまな隙間から空気が入るので、あらゆる隙間に埃が溜まります。
　特に、空いている「USBポート」などインターフェイス部分に埃が溜まることが多く、ショートの原因になることもあります。

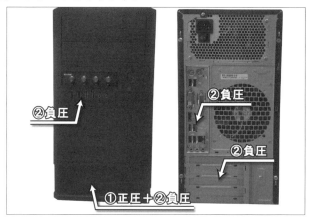

図3-1-13　PCケース外部で埃が溜まりやすい場所

　このようなPCケース外部に溜まった埃は、「ブラシ・アタッチメント」を付けた弱設定の掃除機で軽く吸い出すのが手早いでしょう。

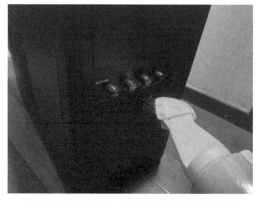

図3-1-14　「USBポート」の埃を掃除機で吸い出す
吸引力が強すぎる掃除機は避けること。

●皮脂以外の汚れについて

「シールの剥がし跡」など、皮脂以外の汚れには「イソプロピル・アルコール」が有効です。

ウエスに含ませて何回か拭き取るだけで、特に力を入れずとも「粘着テープ」の残骸を除去できます（「イソプロピル・アルコール」の使用にはビニール手袋と換気が必須なので、その点は注意してください）。

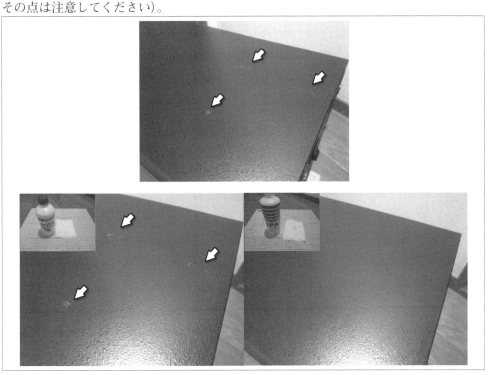

図3-1-15　PCケース天板に残った「強力両面テープ」の剥がし跡（上）
「無水エタノール」（下左）では指先に力を入れてこそぎ落とさないと除去できそうになかったが、
「イソプロピル・アルコール」（下右）ではウエスで表面を撫で続けるだけで除去できた。

■PCケース内部のクリーニング

PCケース内部のクリーニングを始めるにあたって、まずPCケース背面の「サイドカバー」のネジを左右とも外し、両側の「サイドカバー」を外します。

図3-1-16　「サイドカバー」は両面外して作業を行なう

●PCケース内部の埃を除去

　PCケース内部のクリーニングは、「マザーボード」などの**基板面以外**の大まかな埃を払い落とすところから始めます。

　「帯電防止ブラシ」を用いて、PCケースの部材や「CPUクーラー」の表面などに付着した埃を払い落としましょう。

　次に、ケース内の埃を「エア・ダスター」で一気に吹き飛ばします。

　状態によってはかなり埃が舞うので、マスクなどをしておいたほうがいいかもしれません。

　また庭先やベランダなど、屋外で作業するのもいいと思います。

図3-1-17　「帯電防止ブラシ」で埃を払い落とし、「エア・ダスター」でPCケース内の埃を吹き飛ばす

　「CPUクーラー」や「ケース・ファン」などのファン部分の埃をエア・ダスターで吹く場合、割り箸などを「つっかえ棒」として挿しておくと、風でファンが空回りするのを防げます。

　また、「ケース・ファン」や「CPUクーラー」の深部に大きな埃の塊がある場合はピンセットなどで取り除くといいでしょう。

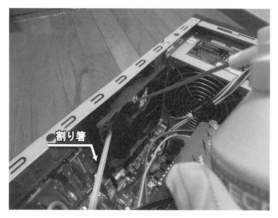

割り箸

図3-1-18　「ファン」には割り箸を挿して「つっかえ棒」に

　基本的にPCケース内部の埃は「エア・ダスター」などで吹き飛ばすことで対処します。

　掃除機は静電気の問題などがあるため、PCケース内での使用は避けたほうがいいです。

*

「エア・ダスター」で一通り埃を除去した後は、取り除ききれなかった埃(多くは「CPUクーラー」や「ケース・ファン」に付着した埃)を、綿棒などで取り除きます。

綿棒を「無水エタノール」に浸し、軽く撫でるように埃を拭っていきます。

図3-1-19　綿棒で各部に付着した埃を除去

その他、「マザーボード」などの基板上にうっすらと埃が残る場合もありますが、「エア・ダスター」で取り除けない埃は無理して除去しなくてもいいでしょう。

■「CPUクーラー」のメンテナンス

"「CPUクーラー」は長年放置していると「CPUグリス」が劣化するので定期的なメンテナンスが必要だ"という話をよく耳にします。

しかし、「CPUクーラー」の脱着は慣れていないと難しく、できれば避けたいところです。

そこで、取り外しメンテナンスを行なうべきかの判断材料の1つとして、**Windows実行中の「CPU温度」**を確認します。

「Open Hardware Monitor」(https://openhardwaremonitor.org/)など、「CPU温度」を計測できるソフトを用いて温度を確認。

このとき、「アイドル時」(何も操作していないとき)の温度が「50～60℃」以上に達している場合は、「CPUクーラー」に何らかの「不具合」(「グリス硬化」「ガタ付き」「埃過多」など)を生じている可能性が高いので、取り外しメンテナンスが必要となります。

逆に、温度が正常範囲(「40℃」前後以下)ならば、ひとまず「CPUクーラー」は仕事をしているので、メンテナンスは保留でいいと考えます。

●「CPUグリス」を準備

「CPUクーラー」を取り外す際は、塗り直すための「**CPUグリス**」を必ず準備しておきます。

図3-1-20 取り外し時は「CPUグリス」を必ず塗り直すので新しいものが必要

●「CPUクーラー」の取り外し手順

「CPUクーラー」の取り外し手順は次の通りです。

なお、「CPUクーラー」の取り付け方式には「**プッシュ・ピン方式**」「**ネジ止め方式**」「**バネ止め方式**」などがありますが、ここでは「**プッシュ・ピン方式**」の「**Intel純正CPUクーラー**」を例にしています。

図3-1-21 「プッシュ・ピン方式」の「Intel純正CPUクーラー」

[手順] 「CPUクーラー」の取り外し

[1]「CPUクーラー・ファン」の電源コネクタを「マザーボード」から外します。

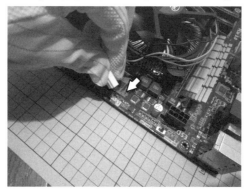

図3-1-22 「CPUクーラー・ファン」の電源コネクタを外す

[2]「CPUクーラー」の四隅にある「プッシュ・ピン」を、上面に描かれた矢印の方向に
90度回転させてピンの固定を解除し、真上に引き上げます。

これをすべての「プッシュ・ピン」に対して行ないます。

図3-1-23　「プッシュ・ピン」の上面に書かれている矢印の方向に90度回して引き上げる
指で回せるが、マイナス・ドライバー用の溝を利用してもいい

[3]「CPUクーラー」全体を掴み、ゆっくりと前後左右斜め、またはねじるように軽く
力を加えて、CPUと「CPUクーラー」がグリスで固着していないか確認します。

固着しているようなら外れるまで揺らし続けます。

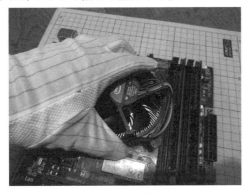

図3-1-24　「CPUクーラー」を掴んで少し揺らしてみる

[4]「CPUクーラー」全体を持ち上げて外します。

図3-1-25　「CPUクーラー」の取り外しに成功

●古い「CPUグリス」の除去

　CPU上面と「CPUクーラー」の底面に付着している古い「CPUグリス」を除去しましょう。

　「CPUグリス」がまだ硬化していなければ、ウエスで簡単に拭うことができます。

　もし「CPUグリス」が完全に硬化していて除去するのが困難だった場合は、「イソプロピル・アルコール」を含ませたウエスでクリーニングすると効果的です。

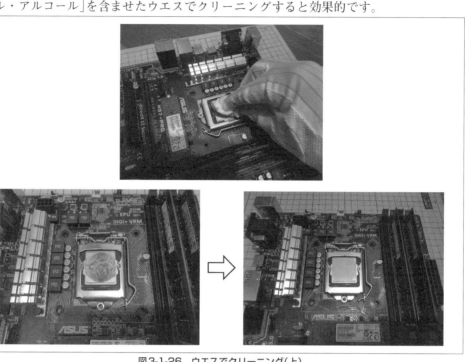

図3-1-26　ウエスでクリーニング（上）
古い「CPUグリス」が付着したCPU（下左）もきれいになる（下右）

●「CPUクーラー」のクリーニング

　取り外した「CPUクーラー」は、「無水エタノール」を含ませた綿棒や「エア・ダスター」「つまようじ」などで埃を取り除き、きれいにクリーニングします。

　「CPUクーラー」がきれいになったら再び装着して元に戻します。

図3-1-27　綿棒などで丹念にクリーニング

●「CPUクーラー」の取り付け手順

CPUクーラーを元に戻す手順は次の通り。

[手順] 「CPUクーラー」の取り付け

[1] CPUの上面に「CPUグリス」を塗布します。

「CPUグリス」の塗り方にはさまざまな作法がありますが、CPU上面中央に小豆サイズの「CPUグリス」を置き、「CPUクーラー」との密着で延ばす方式が最も簡単でお勧めです。

図3-1-28　CPU上面中央に小豆サイズの「CPUグリス」を置く

[2] 「CPUクーラー」の四隅にある「プッシュ・ピン」それぞれを矢印の反対方向に90度回してロック位置にします。

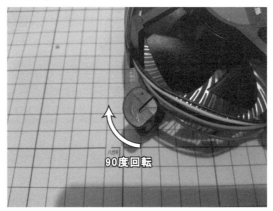

図3-1-29　矢印と逆方向に回して「プッシュ・ピン」をロック位置へ

[3]「CPUクーラー」の電源コネクタが「マザーボード」上のコネクタに届くことを確認し、設置する向きを決めて降ろします。

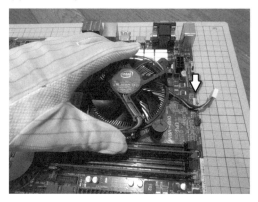

図3-1-30 電源コネクタが届くことを確認
「マザーボード」上の穴と各「プッシュ・ピン」が合う位置に「CPUクーラー」を設置

[4]「CPUクーラー」を掴み、挟み込んだ「CPUグリス」を伸ばして隙間の空気を抜くイメージで前後左右に少し"グリグリ"と力を加えます。

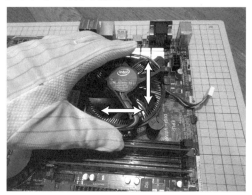

図3-1-31 「CPUクーラー」固定前の微妙に動く範囲で「CPUグリス」を伸ばす

[5] 四隅の「プッシュ・ピン」を対角線の順番で押し込んでいきます。
"カチッ"と音がするまで押し込みましょう。

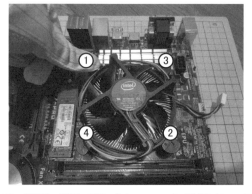

図3-1-32 対角線の順番で四隅の「プッシュ・ピン」を押し込んで固定する

[6]「CPUクーラー」を掴み、しっかりと固定されているか確認します。

　「CPUクーラー」がグラつくときは、一度取り外してから再度取り付けてみてください。

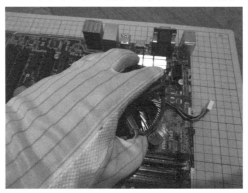

図3-1-33　「CPUクーラー」が変に動くことはないか確認

[7]「CPUクーラー」の電源コネクタを「マザーボード」に接続して完了です。

　PCケース内のケーブルが「CPUクーラー」のファンに接触していないかも確認しましょう。

図3-1-34　電源コネクタを接続

＊

　「CPUクーラー」の取り付けが完了した後は、Windows上でCPU温度を測れるソフトを用いてチェックしましょう。

　もし異常に高い温度が出ていたらCPUクーラーの取り付けを失敗している可能性が高いので、再度脱着を試みます。

3-2　「ソフトウェア」を使ったメンテナンス

■「メンテナンス」と「トラブル・シューティング」

大事に扱い、常にトラブルの元に目を光らせていても、どうしても不慮のトラブルは起きてしまいます。

そんなとき、「トラブル・シューティング」の一歩として大事なのは、現状を正しくチェックすることです。

そのためのツールもいろいろと公開されています。

ここでは、「メンテナンス」に併せて、トラブル発生の際に行なうべき処置についても紹介していきます。

■「メモリ」のメンテナンス

PCを構成するパーツの中でも「メモリ」は比較的丈夫で、初期不良や相性問題を除けば、無茶な「オーバークロック」や電圧印加などをしない限り、使用中に故障することはとても稀と言えるでしょう。

したがって、メモリに関して普段から気にかけてメンテナンスするようなことは、ほとんどありません。

とは言え、高温や水分（結露）などが原因でメモリが故障する可能性もゼロではありません。

●メモリ故障時の症状

メモリが故障した際に起こり得る症状としては、次のものが考えられます。

(1) Windowsの「ブルースクリーン」が頻発する。
(2) PCが完全にフリーズする。
(3) 勝手に再起動したり、電源が切れたりする。
(4) OSのインストールに失敗する。

以上のような症状が出たら「メモリの故障」（初期不良、相性問題含む）を疑ってみましょう。

●「Memtest86」でエラー・チェック

メモリの不良をチェックするツールとして有名なのがPassMarkの「Memtest86」です。Webサイト（https://www.memtest86.com/）よりダウンロードして利用します。

有償版とフリー版がありますが、個人PCのチェックならフリー版で大丈夫です。

また「Memtest86」の実行には「USBメモリ」（1GBで充分）が必要となるので、初期化してもかまわないものを1つ別途用意しておきましょう。

「Memtest86」の作業手順は次の通りです。

[手順] 「Memtest86」でエラー・チェック

[1] Webサイトからダウンロードしたファイルを解凍し、「imageUSB.exe」を実行、画面の指示に従い「ブートUSBメモリ」を作成。

[2]「USBメモリ」からPCを起動します（起動方法は各PCのBIOS説明書を参照）。

[3] しばらく待っていると、自動的にテストが開始されます。

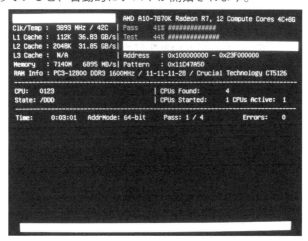

図3-2-1 「Memtest86」実行画面

[4] デフォルトではテストを4回ループすると完了します。

　テスト完了後は「USBメモリ」を外してPCの電源を切ります。

　「Memtest86」の結果、なんらかのエラーが表示されればメモリの故障が濃厚です。

　しかし、例外的に「Test 13 Hammer Test」のエラーは問題とされないケースも多いようです。

●「メモリ」の故障は交換で対応

　「メモリ」のエラーが判明した場合、「メモリ」を挿しているスロットを変更したり、BIOSで「メモリ・クロック」を下げたりするなどの手段で直る場合もありますが、基本的には新しい「メモリ」との交換が必要になります。

　使用中の「メモリ」の種類をチェックして同じものを購入しましょう。

■「SSD/HDD」のメンテナンス

「ストレージ」は、PCで最も故障しやすいパーツに分類できます。

唯一無二の大事なデータを保存しているので、故障すると最もダメージの大きいパーツとも言えるでしょう。

それだけに、「SSD/HDD」の状態には普段から気を配っておく必要があります。

●必須ツール「Crystal Disk Info」

「SSD/HDD」の「メンテナンス」(状態チェック)に欠かせないツールがフリーソフトの「Crystal Disk Info」(以下、CDI)です。

Webサイト「https://crystalmark.info/ja/software/crystaldiskinfo/」からダウンロードします。

「CDI」は、「SSD/HDD」の自己判断機能である「S.M.A.R.T.」(Self-Monitoring, Analysis and Reporting Technology)のパラメータを表示するもので、「SSD/HDD」の動作状況やエラーの有無などを確認できます。

●「CDI」の画面

「CDI」を起動すると、PCに接続されている各「SSD/HDD」の「S.M.A.R.T.」情報が一覧で表示されます(表示対象ドライブは上部のボタンで切り替え)。

ひとまず「健康状態」の表示が「正常」であれば問題はないです。

「温度」に関しては「50℃」を超えるようであれば、なんらかの冷却手段を講じたほうがいいかもしれません。

図3-2-2　パッと見で「健康状態」と「温度」が青色表示であれば問題なし

また「S.M.A.R.T.」のパラメータで読むべき数値は「生の値」の列で、これが現在の「SSD/HDD」の状態を表わしています。

デフォルトでは「16進数」表記になっています。

「現在値」は各パラメータの「劣化指数」で、状態が悪化すると徐々に下がっていきます。

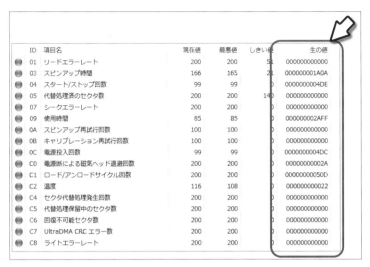

	ID	項目名	現在値	最悪値	しきい値	生の値
●	01	リードエラーレート	200	200	51	000000000000
●	03	スピンアップ時間	166	165	21	000000001A0A
●	04	スタート/ストップ回数	99	99	0	0000000004DE
●	05	代替処理済のセクタ数	200	200	140	000000000000
●	07	シークエラーレート	200	200	0	000000000000
●	09	使用時間	85	85	0	00000002AFFF
●	0A	スピンアップ再試行回数	100	100	0	000000000000
●	0B	キャリブレーション再試行回数	100	100	0	000000000000
●	0C	電源投入回数	99	99	0	0000000004DC
●	C0	電源断による磁気ヘッド退避回数	200	200	0	00000000002A
●	C1	ロード/アンロードサイクル回数	200	200	0	00000000050D
●	C2	温度	116	108	0	000000000022
●	C4	セクタ代替処理発生回数	200	200	0	000000000000
●	C5	代替処理保留中のセクタ数	200	200	0	000000000000
●	C6	回復不可能セクタ数	200	200	0	000000000000
●	C7	UltraDMA CRC エラー数	200	200	0	000000000000
●	C8	ライトエラーレート	200	200	0	000000000000

図3-2-3 各パラメータの現在の状態は「生の値」の列をチェック

●「HDD」で重要なパラメータ

「SSD」と「HDD」では故障の内容や原因も異なるので、「CDI」でも見るべき場所が異なります。

比較的故障が多いとされる「HDD」の場合、特に重要なのが次の3つのパラメータです。

①「05」代替処理済みのセクタ数

エラーが発生した「セクタ」を「予備セクタ」に代替した数。

②「C5」代替処理保留中のセクタ数

リード時にエラーが発生したので「怪しいセクタ」として記録されている数。
次回アクセス時にもエラーが起こると「セクタ代替」が行なわれます。
代替が行なわれると数値は減ります。

③「C6」回復不可能セクタ数

エラーが発生し、リトライでもデータを正しく読み書きできなかったセクタ数。

	ID	項目名	現在値	最悪値	しきい値	生の値
●	01	リードエラーレート	200	200	51	000000000000
●	03	スピンアップ時間	166	165	21	000000001A0A
●	04	スタート/ストップ回数	99	99	0	0000000004DE
●	05	代替処理済のセクタ数	200	200	140	000000000000
●	07	シークエラーレート	200	200	0	000000000000
●	09	使用時間	85	85	0	00000002AFFF
●	0A	スピンアップ再試行回数	100	100	0	000000000000
●	0B	キャリブレーション再試行回数	100	100	0	000000000000
●	0C	電源投入回数	99	99	0	0000000004DC
●	C0	電源断による磁気ヘッド退避回数	200	200	0	00000000002A
●	C1	ロード/アンロードサイクル回数	200	200	0	00000000050D
●	C2	温度	116	108	0	000000000022
●	C4	セクタ代替処理発生回数	200	200	0	000000000000
●	C5	代替処理保留中のセクタ数	200	200	0	000000000000
●	C6	回復不可能セクタ数	200	200	0	000000000000
●	C7	UltraDMA CRC エラー数	200	200	0	000000000000
●	C8	ライトエラーレート	200	200	0	000000000000

図3-2-4 「HDD」で特に重要な項目

これらは「HDD」の安全性に関わる数値で、値がほんの「1」増えただけで「CDI」の健康状態は「注意」となって、ユーザーへの注意喚起を行ないます。

ただ「05」「C5」の値は「HDD」として正しい「代替処理」が行なわれたことを意味するもので、これが発生しても保存データは無事な可能性が高いです。
一方で、「C6」は保存データがすでに一部破損している恐れがあります。

■「05」「C5」「C6」が増加し続けると危険

以上のように「05」や「C5」が「数個」出てきても、すぐに慌てる必要はありません。
もちろん、不安であればすぐに新しいHDDを用意して「バックアップ」を取るのがベターです(最低限重要データのバックアップは取りましょう)。

危険なのは、これらの数値が日を追って増える場合です。
状況を追うために続けて毎日「CDI」で監視し続ける必要があります。
「CDI」にはグラフ機能があり、各パラメータの増減をグラフ化して確認することもできます。

図3-2-5　「05」が発生したが数カ月安定しているので様子見状態のグラフ

もし「05」「C5」が増え続けるようであれば、いよいよ諦めて別の「HDD」に取り替えましょう。

「C6」が増えるのは完全に末期症状で、壊れて読み出せないデータも多くなってきます。
そうなる前にデータ移行を済ませておきたいものです。

●「SSD」で重要なパラメータ

　「HDD」と違い、「SSD」は物理的に破損することがあまりありませんが、代わりに「NANDフラッシュ」には書き換え回数制限があり、これが「SSD」の寿命につながります。
　そこで「SSD」にとって重要なパラメータが「**総書き込み量**」(ホスト)です。

　「SSD」メーカーは、「**TBW**」(Terabyte Written)を「総書き込み量」の保証値として公表しており、これが寿命の目安になります。
　「総書き込み量」がメーカー公表の「TBW」に近付くともうすぐ寿命(保証切れ)、というわけです。
　ただ最近のSSDは「数百TBW」が当たり前で、普通の用途では到底使いきれないレベルに達しており、寿命についてあまり気にする必要はなくなってきています。

図3-2-6　筆者宅でいちばん使っている「SSD」でも、やっと「10TB」の書き込み

　一方で、前触れのない突然死(主にコントローラの故障など)のリスクは依然として残っているため、寿命までまだ充分といって安心せず、定期的なバックアップは必要です。

●「SSD」に「デフラグ」は？

　「HDD」のメンテナンスでは常套手段の「デフラグ」ですが、「**SSD」には効果がありません**。
　代わりに、空き領域の整理を行なう「**Trimコマンド**」が「SSD」にはあり、「Windws 8」以降は「Trimコマンド」がWindows標準の「ドライブの最適化」に統合されています。

　「Windows 10」からは「Trimコマンド」を自動で定期的に実行するようになったので、それ自体を気に掛ける必要もなくなりましたが、「ドライブの最適化」を開けば手動での「Trimコマンド」実行も可能です。
　前回実行から時間が経っていたら手動実行するのもいいでしょう。
　処理自体はすぐに完了します。

図3-2-7 「エクスプローラ」からドライブのプロパティを開き、[ツール]タブの[最適化]からアクセス

■「ディスプレイ」のメンテナンス

●簡易キャリブレーション

"「ディスプレイ」は映ってさえいればいい"という考えもありますが、映像や写真を見る際は、やはり正しい色、明暗で表示されるほうが好ましいものです。

正しい色を追求するには、高価な「ハードウェア・キャリブレーション」対応ディスプレイや専用周辺機器が必要になりますが、クリエイターではない一般視聴者側のユーザーであれば、ソフトウェアで行なう「簡易キャリブレーション」でも充分と考えます。

また、「ディスプレイ」の色や明るさは時間経過で徐々に変化するため、定期的にメンテナンスする必要もあります。

●キャリブレーション・ツール「Calibrize」

ソフトウェアによる「簡易キャリブレーション」では「Calibrize」というツールが便利です。
Webサイト「http://www.calibrize.com/」からダウンロードできます。

使い方は至って簡単で、次の手順でキャリブレーションが完了します。

[手順] 簡易キャリブレーション

[1] ツール起動後、最初に「次回再キャリブレーション通知」の設定をします。

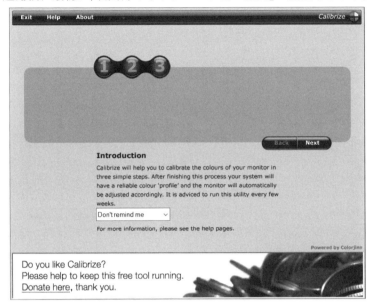

図3-2-8 次回の「キャリブレーション通知」を設定

[2] 次の画面では "ディスプレイ側のボタン操作" を行ないます。

　「コントラスト」を最大値に設定してから、左の黒領域の円がギリギリ判別できる状態へ「ブライトネス」を調整し、右の白領域の円がギリギリ判別できるまで「コントラスト」を下げます。

図3-2-9 左右の白黒内で円がギリギリ見える状態にディスプレイの「ブライトネス」「コントラスト」を調整

[3]次の画面では、赤青緑の「ガンマ・カーブ」を設定します。

各色のスライダを動かし、円の色が周囲と同一化するポイントを探します。

細目でディスプレイから離れて見ると、調整しやすいでしょう。

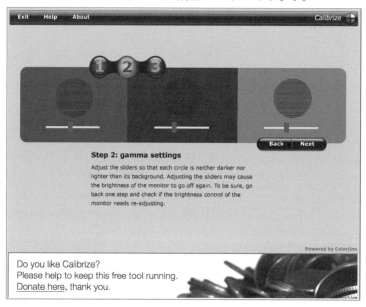

図3-2-10　各色のスライダを動かし、円の色が周囲と同じになるよう設定

[4]最後に、「Save」をクリックで設定が保存されます。

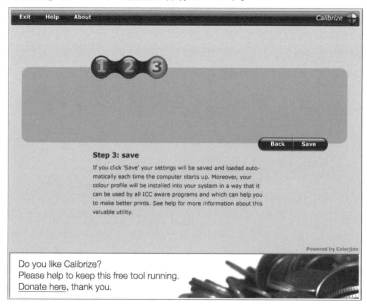

図3-2-11　「Save」をクリック

Tips 「キャリブレーション」の競合

　Windows本体やビデオカード独自など、他の「キャリブレーション機能」と競合すると「Calibrize」の設定を有効にできないことがあります。

　その他の「キャリブレーション」をあらかじめオフにしておくことで回避できます。

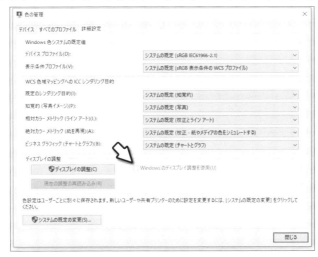

図3-2-12　「色の管理」(タスクバーの検索から「色の管理」で呼び出す)の設定
「Windowsのディスプレイ調整を使用」をオフにする。

■「再起動」でトラブル解決

　PCを使っていると、「昨日までは普通に使えていたのに、急に調子が悪くなった」といった原因不明のトラブルに見舞われることも少なくありません。

　特に「USB機器の認識」や「ネットワーク接続」などでは、よく発生します。

　そんなときは設定をいろいろいじる前に、まず落ち着いて1回PCを再起動しましょう。

　それだけで問題が解決することも珍しくありません。

●「Windows 10」の再起動について

　一般的に「Windows 10」の電源操作には「**スリープ**」「**シャットダウン**」「**再起動**」の3項目があります。

　一見、「シャットダウン」からの電源再投入が、リフレッシュにはいちばんいいように思いますが、ここに罠が潜んでいます。

　「Windows 10」には「高速スタートアップ」という機能が備わっており、「シャットダウン」するだけではWindowsの動作が完全にリセットされません。

　つまり、一見電源を落としてから「再起動」したように見えても、問題部分は変わらず引き継いだままの可能性もあるというわけです。

　したがって、トラブル解決のためには、電源操作のオプションから「再起動」を選択するのが正解ということになります。

……ただ、実は「再起動」でも解決しないこともあります。

「再起動」でもダメだった場合、次は「完全シャットダウン」を試します。

[Shift]キーを押しながら、「スタートメニュー」の「電源操作」から「再起動」を選択します。

図3-2-13 [Shift]キー＋「再起動」

続いて、表示される選択肢から「PCの電源を切る」を選択すると、正真正銘、完全にPCの電源をオフにできます。

図3-2-14 「PCの電源を切る」で完全シャットダウン。

念のため、電源コンセントを抜いて数分放置した後、電源を入れてみるといいでしょう。

●「Wi-Fiルータ」の「再起動」

PC本体だけでなく、周辺機器も「再起動」で動作回復することがあります。

特に「Wi-Fiルータ」の中身は一種の「超小型PC」とも言えるので、動作安定のために定期的な再起動は有効です。

また、「Wi-Fiルータ」は再起動時に無線の空いているチャンネルを自動的に検出するので、急に「Wi-Fi通信」が遅くなったと感じたときも再起動してみるといいと思います。

＊

「Wi-Fiルータ」の再起動方法はコンセントの抜き差しでもOKですが、Webブラウザからアクセスする「設定画面」で「再起動」できるようになっているのが一般的です。

説明書を読んで、再起動方法を確認しておきましょう。

■さまざまな「メンテナンス・ツール」

最後に、便利な「メンテナンス・ツール」をいくつか紹介します。

●エラー・チェック/モニターツール

・Crystal Disk Mark

Webサイト：http://crystalmark.info/ja/software/crystaldiskmark/

「SSD/HDD」の「アクセス・スピード」を測る「ベンチマーク・ソフト」。

正しい「アクセス・スピード」が出ているか確認することで、「SSD/HDD」に不具合が生じていないか確認できます。

・Open Hardware Monitor

Webサイト：https://openhardwaremonitor.org/

「PC内の各部温度」や「ファン回転数」、「CPU/GPUの動作クロック」や「使用率」など、さまざまなセンサ情報をモニターできる定番ツール。

温度と故障は高い関係性をもつので、日頃から異常な温度になっていないかチェックするのが重要です。

●PC（Windows）最適化ツール

・Glary Utilities 5

Webサイト：https://www.glarysoft.com/

WIndows最適化統合ツール。

「レジストリ」や「一時ファイル」を整理して、Windowsのパフォーマンスを向上させます。

昨今、「レジストリ整理」はデメリットのほうが大きいと言われているので推奨しませんが、強力な「一時ファイル消去機能」など、豊富な機能が揃っています。

・DDU（Display Driver Uninstaller）

Webサイト：https://www.wagnardsoft.com/

「ディスプレイ・ドライバ削除」に特化したツール。

NVIDIA環境からRADEON環境へ、またはその逆に乗り換えたとき、「DDU」を実行しておけば以前のドライバを全部削除してくれます。

トラブルを未然に防ぐのに役立つでしょう。

・FileMany

Webサイト：http://codepanic.itigo.jp/

ストレージ内にある「重複ファイル」を検索し、整理できるツール。

気付かない間に何回もダウンロードした同一ファイルなど、不要なファイルを探し出せます。

「ファイルサイズ」や「ハッシュ値」「バイナリ比較」などで精密に検索できるのが特徴です。

索 引

［著者プロフィール］

勝田　有一朗（かつだ・ゆういちろう）

1977年　大阪府生まれ
「月刊 I/O」や「Computer Fan」の投稿からライターをはじめ、現在に至る。
現在も大阪府在住。

［主な著書］

「理工系のための未来技術」「USB TypeC」の基礎知識」
「Lightworksではじめる動画編集」「はじめてのVideoStudio X9」
「逆引きAviUtl動画編集」「はじめてのPremiere Elements12」
「スペックを"読む"本」「コンピュータの未来技術」
「はじめてのMusic Maker MX」「はじめてのTMPGENC」
「わかるWi-Fi」　　　　　　　　　　　　　　　（以上、工学社）ほか

［共著］

「WiMAX Wi-Fi 無線ネットワーク」「超カンタン！ Vista」
「パソコン自作手帳」　　　　　　　　　　　　　（以上、工学社）ほか

質問に関して

本書の内容に関するご質問は、

① 返信用の切手を同封した手紙
② 往復はがき
③ FAX(03)5269-6031
　（ご自宅のFAX番号を明記してください）
④ E-mail　editors@kohgakusha.co.jp

のいずれかで、工学社編集部あてにお願いします。
なお、電話によるお問い合わせはご遠慮ください。

サポートページは下記にあります。

［工学社サイト］
http://www.kohgakusha.co.jp/

I/O BOOKS

PC[拡張]&[メンテナンス] ガイドブック

2021年4月30日　初版発行　© 2021

※定価はカバーに表示してあります。

［印刷］シナノ印刷（株）

著　者　　勝田　有一朗
発行人　　星　正明
発行所　　株式会社 工学社
〒160-0004 東京都新宿区四谷 4-28-20　2F
電話　　　(03)5269-2041 (代) ［営業］
　　　　　(03)5269-6041 (代) ［編集］
振替口座　00150-6-22510

ISBN978-4-7775-2148-7